Zsuzsa Jenei-Lanzl

Steroidhormoneinfluss auf die Chondrogenese mesenchymaler Stammzellen

Zsuzsa Jenei-Lanzl

Steroidhormoneinfluss auf die Chondrogenese mesenchymaler Stammzellen

Der Einfluss von Steroidhormonen auf die chondrogene Differenzierung humaner mesenchymaler Stammzellen des Knochenmarks in vitro

Südwestdeutscher Verlag für Hochschulschriften

Imprint
Any brand names and product names mentioned in this book are subject to trademark, brand or patent protection and are trademarks or registered trademarks of their respective holders. The use of brand names, product names, common names, trade names, product descriptions etc. even without a particular marking in this work is in no way to be construed to mean that such names may be regarded as unrestricted in respect of trademark and brand protection legislation and could thus be used by anyone.

Publisher:
Südwestdeutscher Verlag für Hochschulschriften
is a trademark of
Dodo Books Indian Ocean Ltd., member of the OmniScriptum S.R.L Publishing group
str. A.Russo 15, of. 61, Chisinau-2068, Republic of Moldova Europe
Printed at: see last page
ISBN: 978-3-8381-2446-9

Zugl. / Approved by: Regensburg, Universität, Diss., 2010

Copyright © Zsuzsa Jenei-Lanzl
Copyright © 2011 Dodo Books Indian Ocean Ltd., member of the OmniScriptum S.R.L Publishing group

Inhaltsverzeichnis

Danksagung x

1. Einleitung 1
    1.1. Der hyaline Knorpel 1
        1.1.1. Molekularer Aufbau und Anatomie 2
        1.1.2. Architektur und supramolekulare Struktur 6
        1.1.3. Knorpeldefekte und Therapiemöglichkeiten 9
    1.2. Mesenchymale Stammzellen 12
    1.3. Chondrogenese von mesenchymalen Stammzellen 14
    1.4. Sexualhormone 17
        1.4.1. Sexualsteroide 17
        1.4.2. Steroidhormonrezeptoren 18
        1.4.3. Estrogen-Signalwege 18
        1.4.4. Estrogen-Metaboliten 20
    1.5. Sexualhormone und Knorpel 21

2. Ziel der Arbeit 23

3. Material und Methoden 24
    3.1. Humane mesenchymale Stammzellen 24
        3.1.1. Gewinnung und Isolierung 24
        3.1.2. Zellexpansion 25

3.2. *In vitro* Chondrogenese..26
3.3. Hormone, Agonisten, Antagonisten..27
3.4. Nachweis spezifischer Sexualhormonrezeptoren......................................28

3.5. Sexualhormonzugabe während der Proliferation 30

    3.5.1. Zellvitalitätsmessung 31
    3.5.2. Zellzählung...32
    3.5.3. Die chondrogene Differenzierung..32
3.6. Sexualhormonzugabe während der Differenzierungsphase......................33
    3.6.1. Die Rolle von Dexamethason...33
    3.6.2. Zugabe von DHEA, T und E2...33
    3.6.3. E2-Dosis-Wirkungs-Beziehung..34
    3.6.4. Blockierung der klassischen Estrogenrezeptoren........................34
    3.6.5. Zugabe von E2-BSA..35
    3.6.6. Stimulierung und Blockierung von GPR30.................................35
    3.6.7. Sequentielle E2- und E2-BSA-Behandlung.................................36
3.7. Qualitative Bewertung der Chondrogenese-Qualität................................37
    3.7.1. Probenentnahme und Fixierung...37
    3.7.2. Makroskopie 37
    3.7.3. Histologie...37
    3.7.4. Immunohistochemie...38
3.8. Molekularbiologische Bewertung der Chondrogenese-Qualität..............38
    3.8.1. Kollagen-II-ELISA..38
    3.8.2. Glykosaminoglykan-Assay..40
    3.8.3. DNA-Quantifikation..40
    3.8.4. CD-RAP-Quantifikation mittels MIA-ELISA............................40
    3.8.5. RNA-Isolierung und cDNA-Synthese...41
    3.8.6. qPCR im Light Cycler..42
    3.8.7. qPCR im Mx3005P™ Real-Time PCR System..........................43
    3.8.8. Auswertung der PCR-Ergebnisse...44
3.9. Epidermal-growth-factor-receptor-Immunhistochemie............................44

3.10. Phosphokinasen - Proteome Profiler Array...45
3.11. Analyse der E2-Metaboliten...46
3.12. Datenauswertung, Datendarstellung und Statistik..47

4. Ergebnisse..48

4.1. Sexualhormonrezeptoren...48
4.2. Sexualhormone im Proliferationsmedium...49
4.3. Einfluss von DHEA, T und E2 in der Proliferationsphase............................49
4.4. Einfluss von Steroidhormonen auf die Chondrogenese.................................51
    4.4.1. Einfluss von Dexamethason und Sexualhormonen................................51
    4.4.2. Dosisabhängiger Einfluss von Sexualhormonen....................................53
4.5. E2-Dosis-Wirkungs-Beziehung..55
    4.5.1. E2 Dosis-Wirkung auf MSCs männlicher Spender................................55
    4.5.2. E2 Dosis-Wirkung auf MSCs weiblicher Spender.................................56
4.6. Sequentielle E2-Wirkung..58
4.7. Blockierung der klassischen Estrogenrezeptoren...59
4.8. Einfluss von E2-BSA...61
4.9. Sequentielle E2-BSA-Behandlung...62
4.10. Stimulierung und Blockierung von GPR30...64
4.11. Nachweis des Epidermal-Growth-Factor-Receptors (EGFR).....................69
4.12. Phosphokinasen-Aktivierung...70
4.13. E2-Konversion während der Chondrogenese..72

5. Diskussion...74

5.1. Die *in vitro* Chondrogenese mesenchymaler Stammzellen..........................74
5.2. Sexualhormonrezeptoren..76
5.3. Wirkung von Sexualhormonen während der Proliferation............................76
5.4. Wirkung von Steroidhormonen auf die Chondrogenese................................78
5.5. Die Hemmung der Chondrogenese durch Estradiol......................................80

5.6. Die Rolle von GPR30 in der Suppression der Chondrogenese............................82
5.7. Die mögliche Rolle des Epidermal-Growth-Factor-Receptors (EGFR)..................85
5.8. E2-Konversion während der Chondrogenese...86
5.9. Fazit und Ausblick...86

Zusammenfassung..88

Summary...89

Literaturverzeichnis..91

Anhang...101
    Abkürzungsverzeichnis...102

Danksagung

An dieser Stelle möchte ich allen danken, die durch ihre Unterstützung und ihr Interesse zum Gelingen dieser Arbeit beigetragen haben:

Meinem Betreuer **Prof. Dr. Peter Angele** (Abteilung für Unfallchirurgie am Universitätsklinikum Regensburg) danke ich für die Themenstellung, die kompetente Anleitung und die vielseitige Unterstützung sowie die Förderung zur Teilnahme an Kongressen.

Mein herzlicher Dank gilt auch **Prof. Dr. Michael Nerlich** (Abteilung für Unfallchirurgie am Universitätsklinikum Regensburg) für den Arbeitsplatz, für die hervorragende Ausstattung, die finanziellen Möglichkeiten, sein großes Interesse an der Grundlagenforschung sowie für die tollen Ausflüge.

Prof. Dr. Achim Göpferich (Lehrstuhl für Pharmazeutische Technologie an der Universität Regensburg) möchte ich ganz herzlich danken für die Promotionsmöglichkeit an seinem Lehrstuhl und für die Übernahme des Erstgutachtens.

Mein großer Dank gilt **Prof. Dr. Rainer Straub** (Abteilung für Innere Medizin I am Universitätsklinikum Regensburg) und seiner Arbeitsgruppe, **Prof. Dr. Susanne Grässel** , **Dr. Martin Schmidt** sowie allen anderen Mitgliedern der **DFG-Forschergruppe 696** für die intensiven und hochqualifizierten Diskussionen und die Zusammenarbeit.

Weiterhin möchte ich mich beim Leiter des Unfallchirurgie-Labors, Herrn **Dr. Richard Kujat** bedanken für die Unterstützung, die lockere und ausgeglichene Atmosphäre und die netten Unterhaltungen.

Dr. Thomas Dienstknecht danke ich für die anregenden Ideen und die angenehme Zusammenarbeit.

Danksagung

Daniela Drenkard danke ich für die praktische Einweisung an diversen Geräten, die Versorgung mit Substanzen und Materialien, aber vor allem für ihre unkomplizierte Art, ihr offenes Ohr und für die vertrauten Gespräche.

Mein herzlicher Dank gilt auch **Swetlana Stryhskowa** für die Bereitstellung der Medien, Substanzen und Hilfe in der Zellkultur.

Marion Huber danke ich für Ihr Interesse an dem Projekt, für Ihre Unterstützung, unkomplizierte Art und Freundschaft. Mein herzlicher Dank gilt auch **Katharina Ehehalt** für ihren Einsatz sowie **Markus Hager** für die Synthese von G15.

Besonders bedanken möchte ich mich bei **Elisabeth Ohmann, Dr. Richard Bauer, Dr. Sabine Ratzinger, Dr. Silvia Capellino** und **Dr. Annina Seitz** für ihre Freundschaft und ihr Vertrauen, aber auch für die qualifizierte fachliche Unterstützung.

Danken möchte ich auch allen **Mitarbeitern des ZMB** im Biopark für die nette Atmosphäre in dieser Zeit und für die lustigen und motivierenden Kaffeepausen.

Ein besonderer Dank gilt der **Familie Lanzl**: Roland, Agnes, Sepp, Karin und Thomas sowie „Oma Gumping". Sie haben mich herzlich in die Familie aufgenommen, mir ein harmonisches Zuhause gegeben und mich auf meinem Weg in Deutschland immer mit Rat und Tat unterstützt.

Ganz besonders aber möchte ich mich bei meinen lieben **Eltern** Jeneiné Ocskay Zsuzsanna (†) und Jenei Zoltán (†) sowie bei meinem **Bruder** Jenei Zsolt bedanken für die Förderung meines schulischen und beruflichen Werdegangs und für ihr Vertrauen in mich.

1. Einleitung

1.1. Der hyaline Knorpel

Aus entwicklungsbiologischer Sicht stammt Knorpelgewebe aus dem Mesenchym. Dementsprechend differenzieren die für den Knorpel spezifischen Zellen, die Chondrozyten, aus mesenchymalen Stammzellen (Flik et al. 2007). Das hochspezialisierte Knorpelgewebe, das im Allgemeinen nur aus einem Zelltyp (Chondrozyt) und aus extrazellulärer Matrix (ECM) besteht, ist avaskulär, alymphatisch und nicht innerviert. Normalerweise ist Knorpel von einer schützenden, ernährenden und regenerativen Knorpelhaut (Perichondrium) umgeben. Das Perichondrium, auch Knorpelhaut genannt, enthält im Gegensatz zum Knorpelgewebe viele Gefäße und Nervenfasern.

Basierend auf histologische, biochemische und biomechanische Eigenschaften kann man drei Arten von Knorpelgewebe unterscheiden: den Faserknorpel, den elastischen und den hyalinen Knorpel (Abb. 1.1.; Eikenberry und Bruckner 1999).

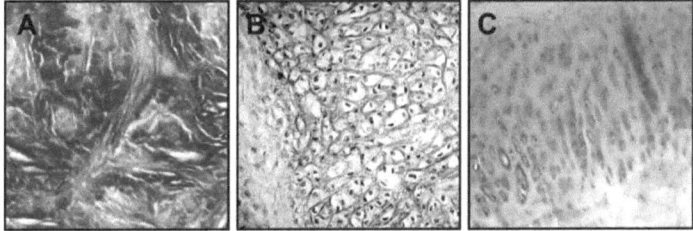

Abb. 1. 1 Das histologische Bild der drei Arten von Knorpelgewebe. **A,** der Faserknorpel (eigene Aufnahme) **B,** der elastische Knorpel (www.biology.ucf.edu) **C,** der hyaline Knorpel (eigene Aufnahme)

Faserknorpel, der auch als Bindegewebsknorpel bezeichnet wird und der z.B. in den Bandscheiben oder im Meniskus vorzufinden ist, besteht aus sehr wenigen Zellen und sehr viel ECM. Neben dem knorpeltypischen Kollagen II verfügt Faserknorpel hauptsächlich über Kollagen I und besitzt kein

Perichondrium. Dieser Typ des Knorpels ist in der Lage hohe Scherkräfte auszuhalten. Dagegen ist der elastische Knorpel, der beispielsweise in der Ohrmuschel, in den Bronchien und im Kehldeckel vorkommt, sehr zellreich und von einem Perichondrium umhüllt. Seine ECM enthält neben Kollagen auch Fibrillin, assoziiert mit Elastin. Diese Komponenten verleihen dem elastischen Knorpel seine hohe Biege- und Druckelastizität. Der dritte Knorpeltyp, der hyaline, besitzt kein Perichondrium, hat die höchste Druckelastizität und ist daher hauptsächlich auf stark druckbelasteten Stellen des Körpers zu finden wie auf den Gelenkflächen, aber auch in der Luftröhre oder im Nasenknorpel. Der hyaline Knorpel besteht hauptsächlich aus Chondrozyten (1-5 % des Knorpel-Gesamtvolumens) und aus der von ihnen gebildeten ECM (95-99 % des Knorpel-Gesamtvolumens) (Eikenberry und Bruckner, 1999; Flik et al., 2007). Die Chondrozyten sind je nach Entfernung von der Knorpeloberfläche verschieden angeordnet und synthetisieren die unterschiedlichen Moleküle der ECM in verschiedenen Anteilen (s. Abschnitt 1.1.2.). Neben den Chondrozyten wurden aber auch andere Zellen, mesenchymale Progenitorzellen im gesunden und arthritischen Knorpel nachgewiesen (Dowthwaite und Archer et al., 2004; Grogan und Lotz et al., 2009).

1.1.1. Molekularer Aufbau und Anatomie

Die ECM des hyalinen Knorpels besteht hauptsächlich aus Kollagen. Den verbleibenden Teil der ECM machen Proteoglykane aus (Abb. 1.2.).

Kollagene

Grundsätzlich haben alle Kollagene einen charakteristischen Aufbau: aus drei left handed Polypeptidketten (α-Ketten), die eine right handed Tripelhelix bilden. Jede Polypeptidkette besitzt eine spezifische Tripeptidsequenz (Glycin-X-Y)n, wobei X und Y meistens für Prolin und Lysin bzw. deren modifizierte Formen, Hydroxyprolin und Hydroxylysin stehen.

Die einzelnen Pro-α-Ketten des Kollagens werden am rauen endoplasmatischen Retikulum (rER) gebildet und in das Lumen des rER transportiert, wo die Hydroxylierung einzelner Prolin- und Lysinreste bzw. die Glykosylierung mancher Lysinreste erfolgt. Zwischen den C-Terminalen

Propeptiden entstehen im nächsten Schritt Disulfidbrücken, wodurch die Tripelhelixbildung eingeleitet wird.

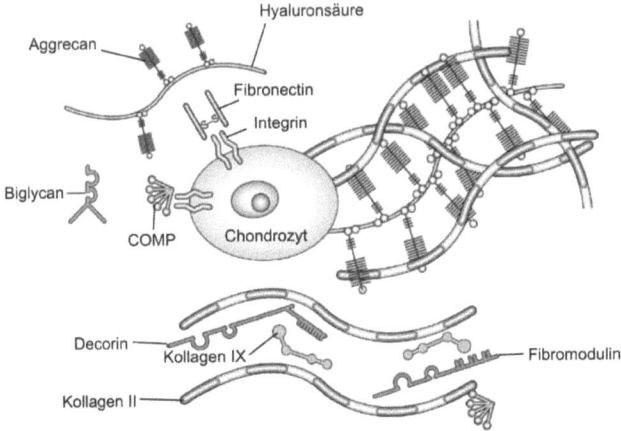

Abb. 1. 2. Vereinfachte Darstellung der wichtigsten ECM-Moleküle im Knorpelgewebe (modifiziert nach Chen und Tuan et al. 2006)

Das so entstandene Prokollagenmolekül wird anschließend in sekretorischen Vesikeln des Golgi-Apparats auf die Zelloberfläche transportiert und durch Exozytose freigesetzt. Nach der Freisetzung werden die Propeptide mittels Peptidasen abgespalten. Die so entstandenen, fertigen Kollagenmoleküle lagern sich in der Folge spontan zu Kollagenfibrillen zusammen. Schließlich führen kovalente Quervernetzungen zwischen den Hydroxylysinresten zur Ausbildung von Kollagenfasern (Abb. 1.3.; Alberts et al. 2007). Trotz des gleichen molekularen Aufbaus unterscheiden sich die verschiedenen Kollagentypen deutlich in Struktur und Funktion. Strukturell teilt man Kollagene in zwei Hauptgruppen ein: fibrilläre und nichtfibrilläre Kollagene. Die fibrillären Kollagene sind in der Lage, wie der Name schon andeutet, stabile Fibrillen zu bilden und machen ca. 90% aller Kollagene aus (van der Mark, 1999). Zu dieser Gruppe gehören die Kollagene I, II, III, V, XI, XXIV, XXVII (Heino, 2007). Charakteristisch für fibrilläre Kollagene ist das Bandenmuster mit der Periodizität von 65 zu 67 nm (D-Periode) ab einer Fibrillendicke von 50 nm (van der Mark, 1999). Die nichtfibrillären Kollagene werden in verschiedene Untergruppen eingeteilt. Die größte Untergruppe bilden die sogenannten fibril-associated collagens with interrupted triple helices (FACIT), die selbst keine Fibrillen bilden können. FACIT-Kollagene binden an die Oberfläche von fibrillären Kollagenen und fungieren dadurch als Vermittler zwischen Knorpelfibrillen und anderen Matrixmolekülen (Heino, 2007). Zu den FACIT-Kollagenen gehören Kollagen IX, XII, XIV, XVI, XIX, XX, XXI, XXII und XXVI (Myllyharju et al., 2004). Ebenfalls in der Gruppe der nichtfibrillären Kollagenen findet man nach Heino (2007) Kollagene, die hexagonale Strukturen bilden (Kollagene VIII und X), die in der Basalmembran zu finden sind (Kollagen IV), die perlenschnurartige Filamente bilden (Kollagen VI), die als Verankerungsfibrillen fungieren (Kollagen VII), die Transmembrankollagene (Kollagene XIII, XVII, XXIII und XXV) und die sogenannten Multiplexine (Kollagene XV und XVIII).

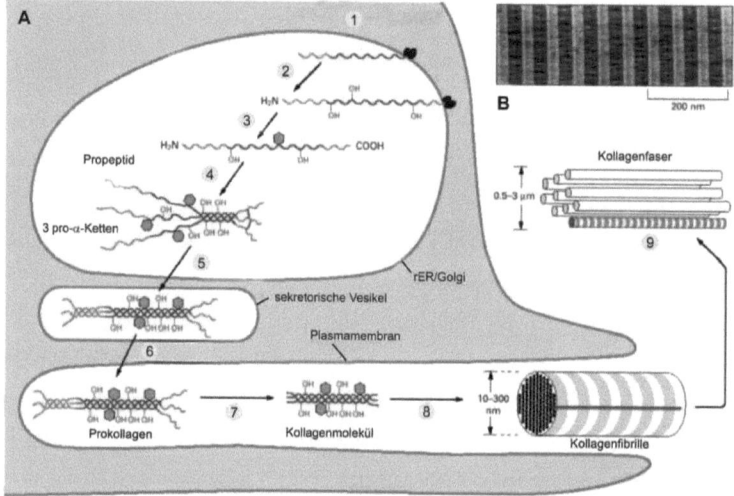

Abb. 1. 3 Schematische Darstellung der Kollagensynthese **A,** Die einzelnen Schritte der Kollagensynthese: 1: Synthese der Pro-α-Kette, 2: Hydroxylierung von Prolin- und Lysinresten 3: Glykosylierung von Lysinresten 4: Tripelhelixbildung 5: Transport des Prokollagenmoleküls in sekretorischen Vesikeln 6: Exozytose 7: Propeptidabspaltung 8: spontane Zusammenlagerung zu Kollagenfibrillen 9: Ausbildung von Kollagenfasern **B,** Transmissionselektronenmikroskopische Aufnahme des typischen Bandenmusters der fibrilären Kollagene. (nach Alberts et al. 2007)

60% der ECM-Trockenmasse des Knorpels bestehen aus verschiedenen Kollagenen, die in den einzelnen Zonen des Knorpels in ungefähr gleicher Konzentration vorzufinden sind. Den größten Anteil macht Kollagen Typ II aus (90-95% des Gesamtkollagens), das mit Typ IX und XI Kollagen (5-10% des Gesamtkollagens) eine heterofibrilläre Struktur und das typische quergestreifte Muster bildet (van der Mark, 1999; Flik et al., 2007).

Proteoglykane

Neben den Kollagenen bilden die Proteoglykane einen großen Anteil der ECM des Knorpels. Zu ihnen gehören die großen Proteoglycane (Aggrecan), die kleinen leucinreichen Proteoglycane oder SLRPs (Decorin, Biglycan) und andere adhäsive Proteoglycane (Fibronectin, Tenascin, Matriline, cartilage oligometric protein oder kurz COMP) (Eikenberry und Bruckner 1999). Das wichtigste, große Proteoglykan, das Aggrecan, besteht aus einem linearen Kernprotein und aus sulfatierten Glykosaminoglykan-Seitenketten (sGAGs)(Abb. 1.4. Alberts et al. 2007). Letztere werden aus verschiedenen, sich wiederholenden Disacchariden, z.b.: Chondroitinsulfat (Disaccharid aus D-Glucuronsäure und N-Acetyl-D-Galactosamin), Keratansulfat (Disaccharid aus D-Galactose und N-Acetyl-D-Glucosamin) aufgebaut. Die Carboxyl- oder Sulfatgruppen dieser Einheiten bedingen die negative Ladung und damit die Wasserbindungsfähigkeit von Proteoglykanen. 65-80% des Knorpels macht, je nach Zone (s. Abschnitt 1.1.2.), Wasser aus (Abb. 1.5). Diese Wasserbindungsfähigkeit und die ladungsabhängige Abstoßung der Moleküle untereinander verursachen einen Quellungsdruck, der die Abdämpfung der Druckkräfte sicherstellt (Prydz et al., 2000). „Eingeschlossen" in die ECM erlaubt Wasser außerdem Nährstoffaufnahme, Deformation oder bietet ein Medium für ein besseres Gleiten der Gelenkoberflächen (Bhosale et al., 2008).

Aggrecane binden mit Hilfe eines Linkproteins zur Hyaluronsäure und bilden so große Proteoglykanaggregate (Abb. 1.4., Alberts et al. 2007). Hyaluronsäure selbst ist ein GAG, bestehend aus sich wiederholenden Disacchariden aus D-Glucuronsäure und N-Acetyl-D-Glucosamin; allerdings sind ihre Zuckerreste nicht sulfatiert (Flik et al., 2007).

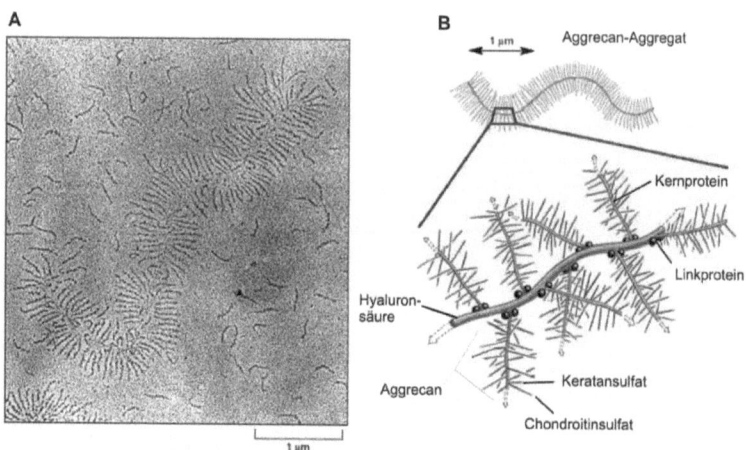

Abb. 1. 4. Die Struktur der Proteoglykane. **A**, Transmissionselektronenmikroskopische Aufnahme eines Aggrecan-Aggregats **B**, Die molekulare Struktur eines Aggrecan-Aggregats (nach Alberts et al. 2007)

1.1.2. Architektur und supramolekulare Struktur

Zonen und Regionen des Gelenkknorpels

Die oben beschriebene Zusammensetzung der ECM (s. Abschnitt 1.1.1.), variiert in Abhängigkeit von der Entfernung zur Knorpeloberfläche. Aufgrund dieser Unterschiede kann man den Gelenkknorpel in verschiedene Zonen unterteilen: Oberflächenzone, Übergangszone, radiale Zone und calzifizierte Zone (Abb. 1.5.).

In der dünnen Oberflächenzone findet man abgeflachte, mit ihrer Längsachse parallel zur Oberfläche liegende Chondrozyten, die eine dicht gepackte Matrix bilden. Die Kollagenfasern dieser Zone sind dünner als in den anderen Zonen und bilden zwei Schichten. Die obersten, zur Oberfläche parallel verlaufenden Kollagenfasern nennt man auch Lamina splendens, die eine Art Immunbarriere zwischen Synovialflüssigkeit und Knorpelgewebe bildet (Bhosale et al., 2008). Das in dieser Schicht anwesende Proteoglykan Lubricin ist, neben der Synovialflüssigkeit, für die Schmierung des Gelenkes mitverantwortlich (Boehme et al., 1995; Jay et al., 2000). Die zweite, darunterliegende Schicht enthält dagegen perpendiculäre Fasern (Abb. 1.5.). Im Vergleich zu den anderen Zonen ist der Wassergehalt der Oberflächenzone am höchsten und der Proteoglykangehalt am niedrigsten. Die Übergangszone bildet den Übergang zwischen der Oberflächenzone und der radialen Zone. Die Chondrozyten der Übergangszone sind rund, die von ihnen gebildeten Kollagenfasern sind dicker und deutlich weniger organisiert, eher quer zur Oberfläche angeordnet. Außerdem zeichnet sich diese Zone durch eine niedrigere Zelldichte und einen höheren Proteoglykangehalt aus (Abb. 1.5.). In der radialen Zone sind die runden Zellen in sogenannten Säulen angeordnet. Die Kollagenfasern dieser Zone haben den größten Durchmesser und verlaufen perpendiculär zur Knorpeloberfläche. Die Zelldichte und der Wassergehalt sind in der radialen Zone am niedrigsten und der Proteoglykangehalt am höchsten (Abb. 1.5.). Die von der Knorpeloberfläche am weitesten entfernte calzifizierte Zone wird durch die sogenannte Tidemark von der radialen Zone getrennt. Die Tidemark ist eine unregelmäßige, gewellte Grenzlinie, die sich besonders leicht mit basischen Farbstoffen wie Toluidinblau anfärben lässt. Die Tidemark hielt man lange für inaktiv, bis Hunziker (1992) nachwies, dass die Chondrozyten dieser Grenzfläche in der Lage sind, Sulfat (^{35}S) in Matrixbestandteile einzubauen (Hunziker, 1992). Die calzifizierte Zone mit relativ geringer Zelldichte bildet den Übergang zwischen der radialen Zone und dem subchondralen Knochen (Abb. 1.5.). Die hypertrophen Chondrozyten dieser Zone sind zum Teil vollständig von calzifizierter Matrix umgeben, weisen eine sehr niedrige metabolische Aktivität auf und bilden Kollagen Typ X in großen Mengen (Bhosale et al., 2008).

Die ECM kann auch, basierend auf der Entfernung zum Chondrozyt, unterteilt werden in perizelluläre, territoriale und interterritoriale Matrix (Abb. 1.5.). Die perizelluläre Matrix umgibt komplett die Chondrozyten und steht mit ihnen in sehr engem Kontakt. Diese Region ist reich an Proteoglykanen, enthält Kollagen Typ IV und andere SLRPs wie z.B. Decorin, aber kaum fibrilläres Kollagen (Bhosale et al., 2008). Die perizelluläre Matrix bietet den Chondrozyten einen hydrodynamischen Schutz. Ein Chondrozyt zusammen mit seiner perizellulären und territorialen Mikroumgebung bildet eine Einheit, den Chondron (Huber, 2000). Die territoriale Matrix umgibt einzelne oder mehrere Chondrozyten und ihre perizelluläre Matrix. Die dünnen Kollagen II Fibrillen bilden ein korbartiges Netz und schützen so die Chondrozyten vor mechanischen Einwirkungen (Bhosale et al., 2008). In dieser Region ist die Konzentration an chondroitinsulfathaltigen Proteoglykanan sehr hoch (Huber, 2000).

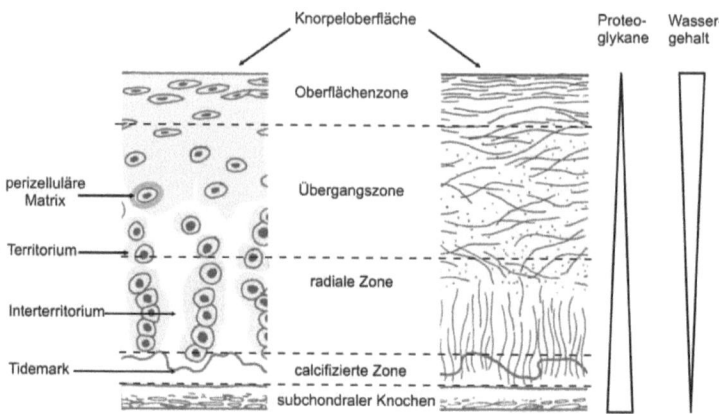

Abb. 1. 5. Architektur und supramolekulare Struktur des hyalinen Knorpels

Den größten Anteil der ECM bildet die interterritoriale Matrix. Diese Region enthält keratansulfathaltige Proteoglykane in hoher Konzentration und Kollagenfasern mit großem Durchmesser, die je nach Zone verschieden angeordnet sind (Bhosale et al., 2008; Huber, 2000).

Biologie und Funktion des Gelenkknorpels

Der Gelenkknorpel ist ein aktives Gewebe. Die Chondrozyten beziehen ihre Nährstoffe zum Teil aus der Synovialflüssigkeit durch Diffusion. Des Weiteren wird angenommen, dass für die Versorgung der Zellen ein Kontakt zum gefäßreichen subchondralen Knochen nötig ist (Flik et al., 2007). Ebenfalls Folge der Avaskularität im Knorpelgewebe ist der sehr niedrige Sauerstoffpartialdruck, der bis auf 1 % absinken kann (gegenüber 24 % O2 in der Atmosphäre; Brighton und Happenstall, 1971). Der Stoffwechsel und die Energiebereitstellung der Chondrozyten sind aufgrund der niedrigen Sauerstoffkonzentration hauptsächlich anaerob. Auch der kontinuierliche Neu- und Umbau der ECM zeigt von sehr hoher Aktivität. Je nach mechanischer Belastung oder biochemischen Einwirkungen leiten Chondrozyten Abbauprozesse durch spezifische proteolytische Enzyme (z.B. Metalloproteinasen, Katepsine) ein oder synthetisieren die Bestandteile der ECM neu (Huber, 2000). Im gesunden Knorpelgewebe stehen diese zwei in erster Linie durch Zytokine regulierten Prozesse im Gleichgewicht.

Gelenkknorpel fungiert als Gleitfläche im Gelenk und Stoßdämpfer zum Schutz des subchondralen Knochens. Die Druckbelastung am Knorpel des Kniegelenks beträgt im Durchschnitt das Dreifache des Körpergewichts, beim Springen kann dieser Druck sogar bis auf das Zehnfache des Körpergewichts steigen. Die oben beschriebene Struktur des Knorpelgewebes ermöglicht die Speicherung, die Umwandlung und die Ableitung dieser mechanischen Belastung (Flik et al., 2007).

1.1.3. Knorpeldefekte und Therapiemöglichkeiten

Knorpelverletzungen

Gelenkknorpelläsionen, verursacht durch Sportverletzungen oder Unfälle, können aufgrund der fehlenden endogenen Regenerationsfähigkeit des Knorpels nicht behoben werden. Oberflächliche Knorpeldefekte verursachen zwar eine gesteigerte Proliferation und ECM-Synthese der Chondrozyten, jedoch können solche Läsionen nicht vollständig regeneriert werden (Buckwalter et al., 1997). Dagegen kommt es bei osteochondralen Defekten zur Einblutung. Die im Hämatom enthaltenen Zellen schütten Wachstumsfaktoren aus (TGFβ, BMPs, IGFs) (Sledge, 2001), die die Reparatur einleiten bzw. beschleunigen. Das entstandene Regenerat zeigt jedoch eher Faserknorpel-Charakteristika und ist damit dem ursprünglichen Knorpel deutlich unterlegen (Buckwalter et al., 1998).

Die geringe Selbstregenerations-Kapazität des Knorpelgewebes stellt ein ernsthaftes klinisches Problem dar, da unbehandelte Defekte der Gelenkoberflächen zur Degeneration des Gelenkes, zur Osteoarthrose führen (Burr, 2004; Schewe und Weise et al., 2008). Je größer der Knorpeldefekt desto höher ist das Risiko der Osteoarthroseentwicklung (Aglietti 2001, Twyman 1991). Das durch Knorpelläsionen verfünffachte Risiko der Entstehung einer Gonarthrose bei Erwachsenen erhöht sich bei zusätzlicher Meniskusverletzung. Der Grund hierfür liegt darin, dass die Knorpel- und Meniskusläsionen die Last aufnehmende Oberfläche verkleinern. Die so entstandenen unphysiologischen Druckbelastungen führen zu einer veränderten Gelenkhomöostase, d.h. die Chondrozyten produzieren vermehrt Cytokine aber auch Proteasen, die den ECM-Abbau beschleunigen und somit die weitere Knorpelzerstörung fördern (Schewe und Weise et al., 2008). Neben der Reduktion der Lebensqualität durch Beeinträchtigung der Mobilität und Schmerzen führt die Behandlung von fortgeschrittenen Knorpelschäden bzw. Osteoarthrose zu erheblichen Kosten im Gesundheitswesen und stellt damit auch ein ernsthaftes sozioökonomisches Problem dar (Schewe und Weise et al., 2008). Die Verzögerung bzw. die Verhinderung des Entstehens einer sekundären Osteoarthrose stellt daher eine der größten orthopädischen Herausforderungen dar.

Therapie von Knorpelschäden

Es werden in der Klinik bereits verschiedene etablierte Verfahren zur Knorpelregeneration angewendet. Eine konservative Therapie, d.h. Kühlen nach der Verletzung, Physiotherapie und „Abwarten von Spontanheilung" ist nur bei Kindern mit noch offener Wachstumsfuge, die hochregenerative Zellpopulationen enthält, möglich. Bei Erwachsenen ist in jedem Fall eine operative Therapie erforderlich um Spätfolgen zu verhindern oder zu reduzieren (Schewe und Weise et al., 2008). Die zur Verfügung stehenden Verfahren sind die Refixation, die Knochenmarkstimulierung, die osteochondrale Transplantation und die Knorpelzelltransplantation. Refixation durch biodegradable Pins kommt nur in Frage bei Knochen-Knorpelfragmenten ohne Kontusionsspuren (Prellung) und mit einer ausreichend großen knöchernen Rückfläche ohne Sklerosierung, wodurch die Einheilungswahrscheinlichkeit gegeben ist. Bei rein knorpeligen Defekten bis 2 cm^2 Größe kommen knochenmarkstimulierende Techniken zum Einsatz. Diese „tissue response" –Verfahren wie z.B. Mikrofrakturierung (Steadman et al., 1997; Schewe und Weise et al., 2008) oder die Abrasionsarthroplastik (Bert, 1997) eröffnen die subchondrale Knochenlamelle, wodurch es zum Austritt von mesenchymalen Stammzellen in das Hämatom kommt (Abb. 1.6.; Buckwalter und Mankin, 1998). Das entstandene Reparaturgewebe besitzt jedoch eher die Eigenschaften des Faserknorpels, d.h. eine reduzierte mechanische Belastbarkeit. In letzter Zeit werden knochenmarkstimulierende Techniken in Kombination mit Matrixapplikation durchgeführt („autologe matrixinduzierte Chondroneogenese" = AMIC), jedoch gibt es noch wenige Erkenntnisse über die Qualität des Regenerats (Benthien, 2010).

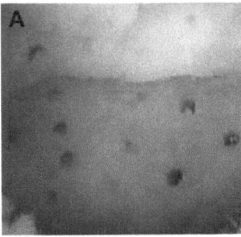 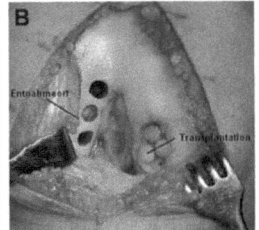 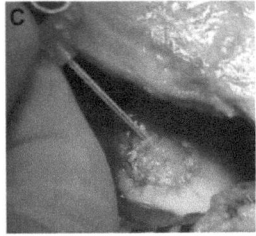

Abb. 1. 6. Chirurgische Verfahren der Knorpelregeneration. **A,** Mikrofrakturierung **B,** Mosaikplastik (OCT) **C,** Autologe Chondrozytentransplantation (biomed.brown.edu, praxisclarahof.ch, Prof. Dr. Angele)

Ebenfalls eine etablierte Methode ist die osteochondrale Transplantation (OCT) oder Mosaikplastik. Bei der osteochondralen Transplantation werden aus weniger belasteten Knorpelarealen Knorpel-Knochen-Zylinder entnommen und in Presspassung ohne zusätzliche Fixation in den Defekt eingebracht. Diese Methode eignet sich vor allem für die Behandlung kleiner oder mittelgroßer Defekte bis 4 cm^2 (Abb. 1.6.; Outerbridge et al., 2000; Angele et al., 2005), da die Zahl der Zylinder durch die Fläche des entnahmegeeigneten Knorpelbereiches limitiert ist. Nach erfolgreicher Einheilung der Zylinder ist das Ergebnis der Defektauffüllung durch OCT besser als durch Mikrofrakturierung (Schewe und Weise et al., 2008). Die autologe Chondrozytentransplantation (ACT) stellt ebenfalls eine Alternative zur Knorpelregeneration dar. Die ACT eignet sich für die Behandlung größerer Knorpeldefekte (>4 cm^2, Angele et al., 2005). Hierbei wird eine Biopsie des gesunden Knorpels aus einer wenig belasteten Zone entnommen. Die darin enthaltenen Chondrozyten werden anschließend aus der ECM enzymatisch herausgelöst, in Monolayer expandiert und schließlich unter einen über den Defekt genähten Periostlappen gespritzt (Abb. 1.6.; Brittberg et al., 1994). Bei diesem Verfahren kommt es allerdings häufig zu Problemen mit Hypertrophien des Periostlappens (Schewe und Weise et al., 2008), weshalb heute die matrixassoziierte ACT (MACT) favorisiert wird. Bei dieser Technik werden die Zellen vor der Transplantation in einen Träger eingebracht und dort vorkultiviert. Das Knorpelregenerat ähnelt dem hyalinen Knorpel in seinem histologischen Aufbau und in seiner mechanischen Stabilität.

Jedoch ermöglicht bisher keine der beschriebenen Prozeduren die Generation eines qualitativ hochwertigen und funktionell optimalen hyalinen Knorpelgewebes. Die Verwendung von Chondrozyten erwies sich außerdem wegen der geringen Zellzahl in der Biopsie bzw. wegen ihres begrenzten Proliferationspotenzials als problematisch (Cancedda et al., 2003). In den letzten

Dekaden rückte das interdisziplinäre Gebiet stammzellbasiertes „Tissue Engineering", also der künstlichen Gewebeherstellung *in vitro* mit Einsatz von mesenchymalen Stammzellen anstatt Chondrozyten (wie bei der ACT) immer mehr in den Vordergrund. Es ermöglicht mit Hilfe von mesenchymalen Stammzellen, Zellträger-Matrices und verschiedenen Wachstums- und Differenzierungsfaktoren die Generierung lebender bioartifizieller Konstrukte zur Rekonstruktion von Gewebedefekten.

1.2. Mesenchymale Stammzellen

Mesenchymale Stammzellen (MSCs) sind adulte Stammzellen, die ähnliche Eigenschaften aufweisen wie embryonale Stammzellen (ES). Als erstes gelang es Friedenstein (1966), MSCs aus dem Knochenmark zu isolieren, jedoch nannte er diese Zellen anfangs „colony-forming unit fibroblasts" oder „plastic adherent cells" (1970). Bis heute haben zahlreiche Arbeitsgruppen das Differenzierungspotential dieser Progenitorzellen untersucht (Friedenstein et al., 1968; Ashton et al., 1980; Prockop, 1997; Pittenger et al., 1999). Basierend auf diesen Studien, wurde die Existenz einer MSC erstmals von Owen und Caplan (Caplan, 1991; Owen, 1985) postuliert. In den letzten Jahren gewannen MSCs immer mehr an Bedeutung. Gegenüber ES haben MSCs den großen Vorteil, keine ethischen Konflikte auszulösen (Pittenger et al., 1999). Aber auch andere Vorteile der MSCs deuten auf ihr enormes Potential für zelltherapeutische Ansätze hin. Sie verfügen über eine extensive Proliferationskapazität, besitzen die Fähigkeit in diverse mesenchymale Zelllinien zu differenzieren (Abb. 1.7.; Caplan, 2005), sind also multipotent.

Des Weiteren wird durch die Verwendung der MSCs gesundes Knorpelgewebe im Gelenk verschont im Gegensatz zur Knorpelzelltransplantation. Die Entnahme von MSCs erfordert außerdem keine Operation, die Beckenkammpunktion kann ambulant erfolgen.

MSCs besitzen aber auch Nachteile. Sie bilden eine heterogene Population, d.h. die Zellen befinden sich in verschiedenen Reifestadien und verfügen daher über unterschiedliche Differenzierungspotenziale (Bruder et al., 1997). Außerdem ist ihre Differenzierung teilweise instabil und schwer kontrollierbar. So stellt zum Beispiel die Hypertrophierung der aus MSCs *in vitro* differenzierten Chondrozyten bis heute ein ungelöstes Problem dar (Parsch et al., 2004).

MSCs können aus verschiedenen Geweben isoliert werden, zum Beispiel aus Fettgewebe (Zuk et al., 2001), Synovialgewebe (Djouad et al., 2005; De Bari et al. 2001a, b), Plazenta (Igura et al., 2004) oder aus Blut (Bieback et al., 2004) usw. Die meistverwendete Methode, MSCs in großer Anzahl zu gewinnen, ist jedoch die Knochenmarkentnahme durch Punktion des Beckenkamms (Pittenger et al., 1999). Die Zahl der MSCs im Knochenmark ist relativ gering und nimmt mit zunehmendem Alter annähernd exponentiell ab. Während man beim Neugeborenen ungefähr 10^2 MSCs pro 10^6 kernhaltige Zellen findet, sind es bei einem Erwachsenen mit 50 Jahren nur noch etwa 2 MSCs pro 10^6 (Caplan, 1994).

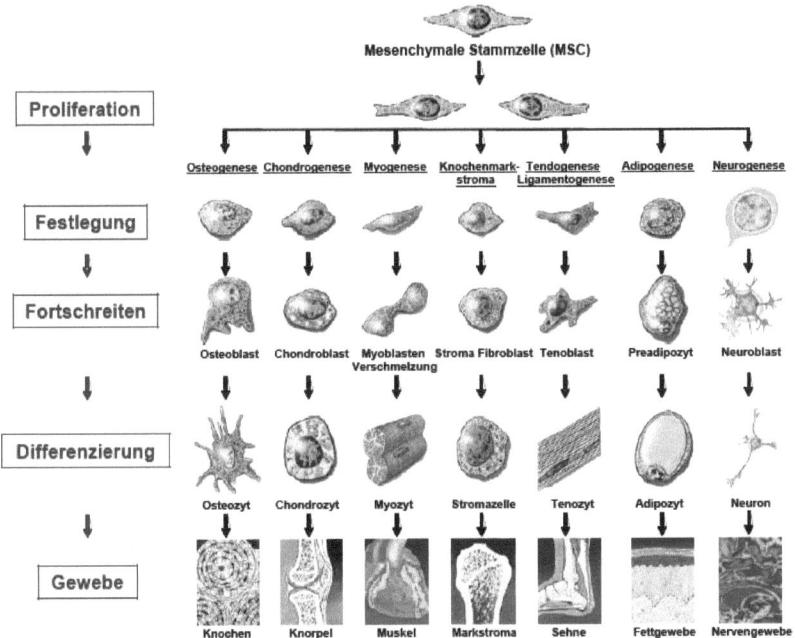

Abb. 1. 7. Schematische Darstellung der Multipotenz bzw. Differenzierung mesenchymaler Stammzellen (nach Caplan 1994)

Von den ebenfalls im Knochenmark befindlichen hämatopoetischen Stammzellen lassen sich die MSCs durch ihre Adhärenz und durch das Vorhandensein oder Fehlen verschiedener Oberflächenmarker unterscheiden. Einen MSC-spezifischen Marker gibt es zurzeit noch nicht, jedoch lassen sich MSCs durch ein Markermuster gut definieren. Nach den Minimalkriterien von „Mesenchymal and Tissue Stem Cell Committee of the International Society for Cellular Therapy" müssen Zellen positiv sein für die Oberflächenmarker CD73, CD90 und CD105 bzw. negativ für CD11b oder CD14, für CD19 oder CD79a, für CD34, CD45 und HLA-DR, um sie als MSCs identifizieren zu können (Da Silva Meirelles et al., 2008). In durchflusszytometrischen Analysen typischer Oberflächenantigene sind MSCs positiv für Stro-1, CD13, CD29, CD44, CD73, CD105, CD106 und negativ für CD11b, CD31, CD34, CD45, CD117 (Tuan und Kolf et al., 2007). Neben den Oberflächenantigenen, der Differenzierungsfähigkeit in multiple Linien, ihrer fibroblastoiden Zellmorphologie und ihrem Proliferations- und Differenzierungspotential sind humane MSCs durch die Expression typischer Markergene charakterisiert, wie z. B. Typ I, III, IV, V, VI Kollagene, Fibronectin, verschiedene Matrix-Bestandteile, Wachstumsfaktoren, Cytokine bzw. deren Rezeptoren und verschiedene Integrine (Ringe et al., 2002).

1.3. Chondrogenese von mesenchymalen Stammzellen

Ein akzeptiertes Modell der chondrogenen Differenzierug mesenchymaler Stammzellen *in vitro* wurde von Johnstone und Yoo et al. für Kaninchen MSCs (Johnstone und Yoo et al., 1998) bzw. für humane MSCs (Yoo and Johnstone et al., 1998) etabliert. Dieses Pellet- oder Aggregatmodell bietet die Möglichkeit, das chondrogene Potenzial der MSCs, mit besonderem Blick auf Erzeugung von Knorpelreparaturgewebe, 3D zu untersuchen (Adkisson et al., 2001; Angele et al., 1999; Solchaga et al., 1999). Zunächst wird die Differenzierung durch Zell-Zell-Kontakte initiiert, indem die Zellen durch Zentrifugation in eine „Hochdichtekultur" gebracht werden und so zu Aggregaten kondensieren können. Die Auslösung der Chondrogenese wird außerdem von einem definierten serumfreien Medium unterstützt, das verschiedene Wachstums- und Differenzierungsfaktoren wie zum Beispiel TGFβ, Insulin, Ascorbinsäure oder Dexamethason enthält (s. Abschnitt 3.2.). TGFβ spielt eine wichtige Rolle bei der Zellkondensation und bei der Aktivierung früher chondrogener Faktoren (Hall and Miyake, 2000; Goldring et al., 2006). Insulin, das in Fettsäurestoffwechsel und Glykogensynthese involviert ist, ist in der Mediumzusatzlösung ITS-3 enthalten, Ascorbinsäure wird als Elektronendonor bei der Kollagensynthese benötigt (Chepda et al., 2001) und Dexamethason, ein künstliches, cortisolähnliches Hormon, unterstützt die Chondrogenese, indem es die Expression des Transkriptionsfaktors Sox9 hochreguliert (Sekiya et al., 2002).

Wie Lefebre & Smits (2005, Abb. 1.8.) beschrieben haben, durchlaufen die ursprünglichen MSCs folgende Differenzierungsstadien, basierend auf der enchondralen Ossifikation während der

Skelettentwicklung: Als erstes kondensieren MSCs unter der Mitwirkung von Zelladhäsionsmolekülen, wie z.b. N-Cadherin (spielt eine Rolle bei Zell-Zell- und Zell-Matrix-Interaktionen) und neural cell adhesion molecule (NCAM, verantwortlich für Zell-Zell-Adhäsion) und Matrixmoleküle, wie Tenascin C und Versican (Oberlender 1994, Hall 2000). In erster Linie von Sox9 reguliert, verlieren die ersten Zellen im Kondensationszentrum die Marker undifferenzierter Zellen, werden zu Prächondrozyten und beginnen mit der Synthese von Kollagen Typ II. Neben Sox9 werden die strukturell ähnlichen L-SOX5 und SOX6 auch aktiv. Dieses „Sox-Trio" oder „chondrogene Trio" (Ikeda et al., 2005) reguliert die Weiterentwicklung der Prächondrozyten zu frühen Chondroblasten, die nun verstärkt Kollagen Typ II sekretieren. Außerdem sind zu diesem Zeitpunkt weitere Matrixbestandteile wie Aggrecan, Link Protein, Kollagen Typ IX und XI zum ersten Mal nachweisbar. Während der Skelettentwicklung ordnen sich die frühen Chondroblasten säulenförmig an, ihre Form ändert sich von rund zu eher abgeflacht und ihre Proliferationsrate nimmt ab. Für die Entwicklung und den Erhalt der Säulenchondroblasten sind die Faktoren L-SOX5 und SOX6, Indian Hedgehog (IHH), das Parathyroid Hormone-related Peptide (PTHrP), FGFs, BMPs und Moleküle des Wnt Signalweges verantwortlich (Goldring et al., 2006). Die Weiterdifferenzierung der Chondroblasten zu prähypertrophen Chondrozyten wird von BMPs, FGFs und PTHrP/IHH reguliert und von ausgeprägten phänotypischen Änderungen begleitet: Das Zellvolumen vergrößert sich um ungefähr das Zehnfache, die Zellen synthetisieren mehr Aggrecan, Kollagen Typ II und aktivieren hypertrophiespezifische Gene wie z.B. Kollagen Typ X oder vascular endothelial growth factor (VEGF). Aber auch CBFA1, RUNX2 und RUNX3 nehmen eine Schlüsselrolle bei der Induktion der Prähypertrophie und der Hypertrophie ein. Für das folgende hypertrophe Stadium ist die vermehrte Produktion von Kollagen Typ X charakteristisch, PTHrP und IHH sind dagegen nicht mehr nachweisbar. Schließlich erfolgt die Umwandlung hypertropher Chondrozyten zu terminal differenzierten Chondrozyten. In diesem Stadium wird die Expression von Kollagen Typ X herunterreguliert. Außerdem besitzen terminal differenzierte Chondrozyten ähnliche Eigenschaften wie Osteoblasten, wie z.B. die hochregulierte Expression von Matrix Metalloproteinase 13 (MMP13) oder der alkalischen Phosphatase hochreguliert bzw. die Produktion einer mineralisierten Matrix. Die Initiation der terminalen Differenzierung und der Abschluss der Chondrogenese wird z.B. von dem transkriptionalen Aktivator c-MAF (Musculoaponeurotic Fibrosarcoma AS42 Oncogene Homologe) reguliert. Nach dem momentanen Stand der Forschung werden terminal differenzierte Chondrozyten schließlich apoptotisch.

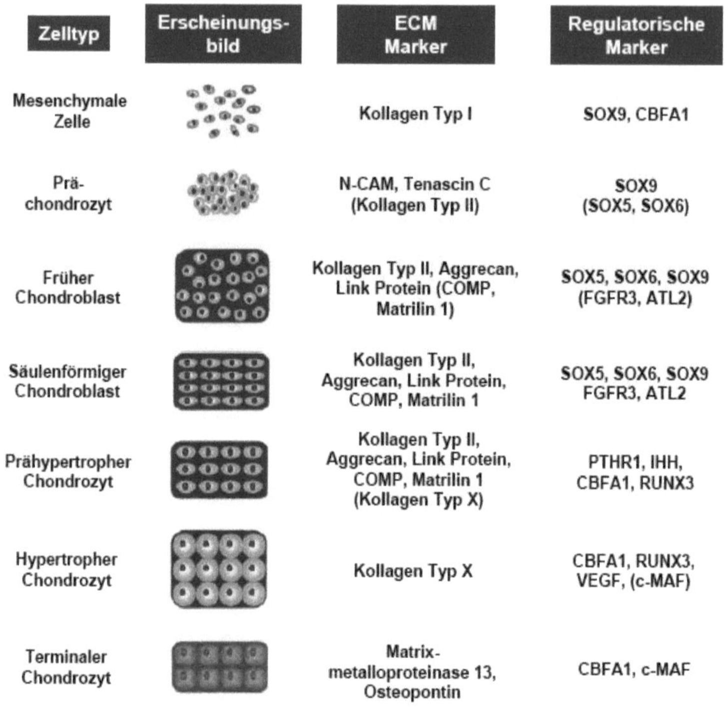

Zelltyp	Erscheinungs-bild	ECM Marker	Regulatorische Marker
Mesenchymale Zelle		Kollagen Typ I	SOX9, CBFA1
Prä-chondrozyt		N-CAM, Tenascin C (Kollagen Typ II)	SOX9 (SOX5, SOX6)
Früher Chondroblast		Kollagen Typ II, Aggrecan, Link Protein (COMP, Matrilin 1)	SOX5, SOX6, SOX9 (FGFR3, ATL2)
Säulenförmiger Chondroblast		Kollagen Typ II, Aggrecan, Link Protein, COMP, Matrilin 1	SOX5, SOX6, SOX9 FGFR3, ATL2
Prähypertropher Chondrozyt		Kollagen Typ II, Aggrecan, Link Protein, COMP, Matrilin 1 (Kollagen Typ X)	PTHR1, IHH, CBFA1, RUNX3
Hypertropher Chondrozyt		Kollagen Typ X	CBFA1, RUNX3, VEGF, (c-MAF)
Terminaler Chondrozyt		Matrix-metalloproteinase 13, Osteopontin	CBFA1, c-MAF

Abb. 1. 8. Vereinfachte Darstellung einzelner Schritte der Chondrogenese mit den wichtigsten Markerproteinen und regulatorischen Markern. Die Darstellung ist modifiziert nach Lefebvre (Lefebvre and Smits, 2005).

Bezüglich Chondrogenese gewann das Protein melanoma inhibitory activity (MIA) in den letzten Jahren immer mehr an Bedeutung (Bosserhoff, 2003). Dieses Protein wurde ursprünglich im Zellkulturüberstand von Melanomzellen nachgewiesen. MIA, deren Struktur eine SH3-Domäne, ein beta-Faltblatt und zwei Disulfidbrücken bilden, gehört zu den extrazellulären Proteinen. MIA wurde ebenfalls in embryonalen und adulten Chondrozyten detektiert und erhielt den weiteren Namen cartilage-derived retinoic acid sensitive protein (CD-RAP, Tscheudschilsuren et al., 2006). Erste Untersuchungen zeigten, dass Kollagen Typ II und CD-RAP während der Knorpelentwicklung und im adulten Knorpel koreguliert werden (Bosserhoff, 2003). Außerdem beschrieben Schubert et al. (2010) die Stabilisierung der chondrogenen Differenzierung durch CD-

RAP bzw. die Unterdrückung der Weiterdifferenzierung zum Knochen. Basierend auf diesen Tatsachen kann CD-RAP in *in vitro* Untersuchungen der chondrogenen Differenzierung als anerkannter Chondrogenesemarker angesehen werden.

Die Differenzierung der MSCs *in vitro* ist zurzeit noch unkontrollierbar und läuft bis zum Stadium der terminal differenzierten Chondrozyten, d.h. neben der Kollagen Typ II Expression nimmt die Expression von Kollagen Typ I und X ebenfalls zu (Parsch et al., 2004). Ziel ist es, zukünftig stabil chondrogen differenzierte Tissue-Engineeering-Produkte mit ausschließlich hyalinem Charakter herzustellen.

1.4. Sexualhormone

1.4.1. Sexualsteroide

Hormone steuern zahlreiche komplexe physiologische Vorgänge im menschlichen Körper wie z. B. Verhalten, Wachstum und Entwicklung, Immunantwort, die Regulation des Wasser- und Elektrolythaushaltes und des Zellstoffwechsels (Lucas und Granner, 1992). Sie werden in speziellen Drüsen produziert und je nach Bedarf systemisch freigesetzt. Hormone wirken über spezifische Hormonrezeptoren bereits in sehr niedrigen Konzentrationen.

Aufgrund ihrer Struktur lassen sich Hormone in Aminosäurederivate (z. B. Thyroxin), Peptidhormone (z.B. Releasing-Hormone des Hypothalamus und stimulierende Hormone der Hypophyse) und Steroidhormone einteilen (z.B. Sexualhormone und Cortisol). Die lipophilen Steroidhormone werden überwiegend als Teil des Fettstoffwechsels aus Cholesterol gebildet und können in fünf Gruppen eingeteilt werden: Glucocorticoide, Mineralocorticoide, Androgene, Estrogene und Gestagene. Glucocorticoide (Cortisol, Corticosteron) und Mineralocorticoide (Aldosteron, Desoxycorticosteron) sind Corticosteroide, Abkömmlinge des Progesterons. Sie werden in der Nebennierenrinde produziert und kontrollieren Stoffwechsel- und Immunvorgänge bzw. Wasser- und Elektrolythaushalt. Zu den Sexualsteroiden zählen Androgene, Estrogene und Gestagene (Kleine, 2007). Diese werden hauptsächlich von Testis (Testosteron) bzw. Ovar und Plazenta (z.B. Estrogen) gebildet. Die Synthese von Testosteron und Estrogen erfolgt ebenfalls aus

Cholesterol über die Vorstufe DHEA. Außerdem kann Testosteron durch das Enzym Aromatase in Estrogen umgebaut werden (Abb. 1.9.).

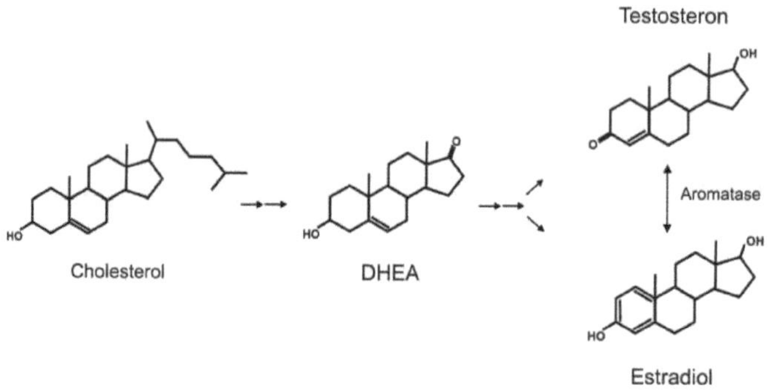

Abb. 1. 9. Vereinfachter Syntheseweg der Sexualhormone ausgehend von Cholesterol

1.4.2. Steroidhormonrezeptoren

Wie alle Hormone entfalten auch Sexualhormone ihre Wirkung über spezifische Steroidhormonrezeptoren, die zur Superfamilie der Kernrezeptoren gehören (Gronemeyer et al., 1995) wie z.B. der Androgenrezeptor für Testosteron oder die Estrogenrezeptoren α und β (ER α/β). Die lipophilen Hormone, Estradiol und Testosteron, werden im Blutstrom transportiert, gebunden an Serumalbumin bzw. an sex hormone binding globulin (SHBG). Nach Diffusion des jeweiligen Steroidhormons durch die Zellmembran erfolgt die Bindung des Hormons an den spezifischen Rezeptor, der anschließend in den Zellkern gelangt, dort an spezifische Bindungsstellen der DNA bindet und die Transkription direkt oder indirekt über andere Transkriptionsfaktoren reguliert (Kumar und Chambon, 1988; Tora et al., 1989).

1.4.3. Estrogen-Signalwege

Neben den oben beschriebenen genomischen Wirkungen über ER α/β kann Estradiol nichtgenomische, membranrezeptor-vermittelte Wirkungen entfalten. 1997 identifizierte Carmeci GPR30, den neuen membrangebundenen Estradiolrezeptor, der zu den 7-transmembran G-Protein gekoppelten Rezeptoren gehört. In den letzten Jahren untersuchten zahlreiche Arbeitsgruppen die verschiedenen Signalübertragungs-Mechanismen des GPR30 (Maggiolini, 2010). Einerseits vermittelt GPR30 schnelle, direkte Effekte über seine Gα-Untereinheit wie z.B. die Stimulation der Adenylylcyclase oder die Erhöhung der intrazellulären Kalziumkonzentration (Abb. 1.10.). Andererseits ist GPR30, über seine Gβγ-Untereinheit in der Lage, den „epidermal growth factor receptor" (EGFR) zu aktivieren. Dies geschieht durch eine Kaskade von Aktivierung bzw. Freisetzung von Signalmolekülen oder Wachstumsfaktoren.

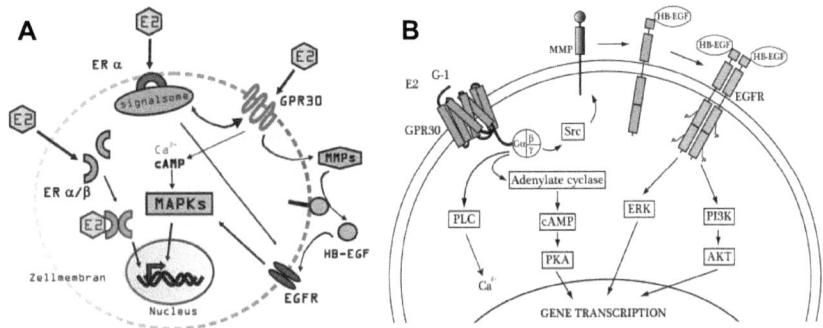

Abb. 1. 10. Estradiol Signalwege. **A**, Mögliche Wirkungswege von Estradiol über klassische intrazelluläre Rezeptoren (α/β), über membrangebundene Estrogenrezeptor α bzw. membranständige GPR30 (nach Prossnitz et al, 2008; Levin, 2009). **B**, Estradiol-aktivierte Signalübertragungsmechanismen des GPR30 (Maggiolini, 2010).

Die Bindung eines Agonists an GPR30 bewirkt die Aktivierung der Src-like tyrosine kinase, die anschließend Matrix Metalloproteasen (MMPs) auf der Zelloberfläche aktiviert. Die aktiven MMPs bewirken die Freisetzung von heparinbindendem EGF (HBEGF), das an den membranständigen EGFR bindet. Der aktivierte EGFR induziert schließlich die intrazellulären mitogenaktivierten Proteinkinasen (MAPKs) (Abb. 1.10.; Maggilioni, 2010). Aber auch andere membranständige Rezeptoren scheinen an der GPR30-Signalübertragung beteiligt zu sein. So beschrieb Levin (2009) eine mögliche Kollaboration zwischen GPR30 und den durch Palmitoylierung an die Zellmembran gebundenen ERα. Levin vermutet, dass die Kommunikation zwischen ERα und GPR30 und die anschließende EGFR-Aktivierung durch einen „Signalsom", einen Komplex zustande kommt, der z.B. aus Scaffold-Proteinen (Caveolin-1, MNAR), Linkerproteinen (Shc) oder Tyrosinkinasen (Src, Akt) besteht. Der genaue Mechanismus ist jedoch noch nicht bekannt.

1.4.4. Estrogen-Metaboliten

Bezüglich Knorpelbiologie und entzündlichen Gelenkerkrankungen haben in den letzten Jahren die Metaboliten von E2 an Bedeutung gewonnen (Straub, 2007). E2 kann intrazellulär durch unterschiedliche Enzyme in verschiedene biologisch aktive Hydroxy- und/oder Methoxy-Metaboliten konvertiert werden (Abb. 1.11.). Diese werden in erster Linie wegen ihrer proinflammatorischen bzw. antiinflammatorischen Eigenschaften zurzeit intensiv in Synovialzellen von Patienten mit Osteoarthrose oder rheumaotider Arthritis untersucht (Schmidt et al., 2009). Über die Bildung von E2-Metaboliten bzw. über ihre Rolle in der Chondrogenese ist bisher nichts bekannt.

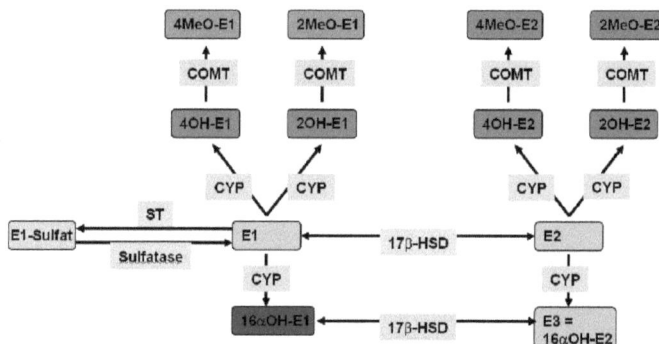

Abb. 1. 11. Vereinfachte Synthesewege der verschiedenen E2-Metaboliten. In rot: pro-inflammatorisch; in grün: anti-inflammatorisch; in gelb: Enzyme der E2-Metabolismus (E1= Estron, E3=Estriol, CYP= Enzyme der Cytochrom P450 Familie, HSD= Hxdroxysteroid-dehydrogenase, COMT= Catechol-O-methyltransferase, ST= Sulfotransferase). Quelle: Martin Schmidt, Institut für Biochemie II, Universitätsklinikum Jena

1.5. Sexualhormone und Knorpel

Sexualhormone zirkulieren nach ihrer Synthese im Blutstrom. Sie können so in die verschiedensten Geweben des Körpers gelangen und dort ihre Wirkungen entfalten. Der Knorpel ist ebenfalls ein sexualhormon-sensitives Gewebe. Die Chondrozyten des Gelenkknorpels besitzen die spezifischen Androgen- und Estrogenrezeptoren. Die Androgenrezeptoren und die klassischen ERs (ER α/β) konnten unabhängig vom Alter und Geschlecht in allen Zonen des Gelenkknorpels nachgewiesen werden (Perry et al., 2008; Nilsson, 2003; Vanderschueren et al., 2004). Der neu entdeckte Estrogenrezeptor, GPR30, ist ebenfalls präsent im Knorpel, allerdings wird seine Expression während der Pubertät herunterreguliert (Chagin, 2007). Geschlechtsspezifische Unterschiede in der GPR30-Expression sind bisher nicht bekannt.

Sexualhormone beeinflussen verschiedene Prozesse im gesunden bzw. degenerativen Knorpelgewebe. Estrogen z. B. spielt eine wichtige Rolle bei der Initiation, bei dem Voranschreiten des Wachstums während der Wachstumsphase und im Schließen der Wachstumsfuge (Perry et al., 2008), indem es die Proliferation der Chondrozyten unterdrückt bzw. ihre programmierte Seneszenz und damit die Wachstumsfugen-Fusion beschleunigt (Weise et al., 2001). Es ist bekannt, dass Testosteron die gleichen Effekte hervorruft (Nilsson, 2005), wobei die Wirkung des Testosterons auf seine Konversion zu Estrogen zurückzuführen ist. Aus diesem Grund weist das pubertäre Wachstum und das Schließen der Wachstumsfuge einen zeitlichen sexuellen Dimorphismus auf. Bei Jungen setzt der Wachstumsschub später ein als bei Mädchen. Dieses Phänomen wird zurzeit auf die vergleichsweise niedrigere Estrogenkonzentrationen bei Jungen zurückgeführt (Perry et al., 2008). Die Effekte entstehen entweder auf der systemischen oder auf der lokalen Ebene in der Wachstumsfuge. In beiden Fällen erfolgt die ERα-vermittelte Hochregulierung von growth hormone (GH), das wiederum den insulin-like growth factor I (IGF-I) stimuliert (Perry et al., 2008). Bei gesunden erwachsenen Menschen findet man ebenfalls geschlechtsspezifische Unterschiede. Unabhängig von Knochenlänge bzw. body mass index (BMI) haben Männer signifikant mehr Gelenkknorpel, d.h. eine dickere Knorpelschicht oder ein insgesamt höheres Knorpelvolumen als Frauen (Cicuttini et al., 2003). Außerdem wurde eine signifikant höhere Prävalenz und klinische Manifestation von Osteoarthrose (OA) bei postmenopausalen Frauen beobachtet, verglichen mit Männern gleichen Alters (Richette, 2003). Für dieses Phänomen ist nach momentanem Stand der Wissenschaft die postmenopausal niedrige Estrogenkonzentration verantwortlich. Die Aussage wird bestätigt durch die Untersuchung des Gelenkknorpels von Frauen, die eine langfristige

Hormonersatztherapie bekamen. Der Knorpel dieser Frauen war signifikant dicker im Vergleich zum Gelenkknorpel nicht behandelter Frauen (Cicuttini et al., 2003). Dennoch ist der Zusammenhang von den niedrigen postmenopausalen Estrogenkonzentrationen und dem Auftreten der OA nicht endgültig geklärt. Auch die Reduktion von OA durch Hormonersatztherapie ist noch fraglich.

2. Das Ziel der Arbeit

Das junge interdisziplinäre Gebiet „Tissue Engineering", mit Verwendung von autologen mesenchymalen Stammzellen, bietet eine vielversprechende Option für die Regeneration verschiedener Geweben, so auch für die Regeneration von fokalen artikulären Knorpeldefekten. Jedoch ist die klinische Anwendung bisher noch nicht möglich aufgrund fehlender Kenntnisse über den Einfluss zahlreicher Wachstumsfaktoren oder Hormone des Körpers auf die chondrogene Differenzierung. Das Ziel der vorliegenden Arbeit ist, die Wirkung von Sexualhormonen auf die Chondrogenese mesenchymaler Stammzellen mit Hilfe eines gut etablierten 3 dimensionalen *in vitro* Aggregatmodells zu untersuchen. Da Sexualhormone im Gelenk in hohen Konzentrationen vorzufinden sind (Straub, 2006), führen die Versuche dieser Arbeit zu wichtigen Erkenntnissen über eine mögliche Einwirkung von Sexualhormonen auf Qualität, Einheilung und Reifung von chondrogenen Implantaten.

3. Material und Methoden

3.1 Humane mesenchymale Stammzellen

3.1.1. Gewinnung und Isolierung

Die in den Versuchen eingesetzten humanen mesenchymalen Stammzellen wurden aus dem Knochenmark von männlichen Patienten gewonnen bis auf einen Versuch (s. Abschnitt 3.6.3). Diese Beschränkung war besonders wichtig, da man beim Verwenden von MSCs weiblicher Patienten unkontrollierbare Parameter in die Versuche eingebracht hätte durch das natürliche, zyklusbedingte Schwanken der Hormonkonzentrationen. Das Knochenmark wurde während Beckenkammspanoperationen entnommen (Abb. 3.1.) und möglichst unmittelbar nach der Entnahme weiterverarbeitet. Das Knochenmark wurde etwa 1: 5 mit Proliferationsmedium (DMEM low glucose, Gibco Invitrogen, Karlsruhe, Deutschland) mit 10% FCS (PAN Biotech GmbH, Aidenbach, Deutschland) und 10% Penicillin-Streptomycin (Gibco Invitrogen, Karlsruhe, Deutschland) verdünnt und auf die vorbereitete Ficoll-Lösung sehr vorsichtig aufgetragen, damit sich die Ficoll-Phase und die Knochenmark-Phase nicht vermischten. Danach wurden die Falcon-Röhrchen 35 min mit 1680 U/min zentrifugiert, wobei sich die Bestandteile des Knochenmarks nach dem entstandenen Dichtegradienten trennten (Abb. 3.1.). Die milchige Phase der mononukleären Zellen, in der sich die MSCs befinden (Dichte 1.077 g/ml), wurde vorsichtig abpipettiert, ohne die Ficoll-Phase darunter zu berühren, und mit frischem Proliferationsmedium vermischt. Nach erneutem Zentrifugieren für 10 min mit 1000 U/min wurde der Überstand vorsichtig abgenommen und das Zellpellet wieder in frischem Proliferationsmedium resuspendiert.

Die Zahl der mononukleären Zellen, die aus Lymphoblasten, Lymphozyten und in niedriger Konzentration aus MSCs bestehen (Sulc et al. 1977), wurde in einer Neubauer-Zählkammer bestimmt. Die Zellsuspension wurde 1:1 (je 50 µl) mit 4% Essigsäure vermischt, um die

Erythrozyten zur Hämolyse zu bringen (Roth, 2007), und das Gemisch wurde dann in die Zählkammer pipettiert. Die Gesamtzellzahl lässt sich nach der folgenden Formel errechnen:

$$N = ZMW \cdot 10^4 \cdot$$

wobei ZMW den Mittelwert der Zellzahlen aus den 4 Kammersbschnitten, 10^4 den Kammerfaktor (die eingesetzte Volumeneinheit in der Kammer ist 10^4-fach kleiner als die Gesamtvolumeneinheit der Zellsuspension) und V den Verdünnungsfaktor (errechnet aus dem Gesamtvolumen der Zellsuspension und dem Faktor 2 durch die Verdünnung mit, in diesem Fall, Essigsäure) darstellt.

3.1.2. Zellexpansion

Nach dem Auszählen wurden je 2 Millionen Zellen in 75 cm² Zellkulturflaschen (Sarstedt AG&Co. Nümbrecht, Deutschland) mit Proliferationsmedium ausgesät. Die Zellen wurden in Brutschränken ca. 4 Wochen lang bei 37°C, 5% CO2-Gehalt und in wasserdampfgesättigter Atmosphäre inkubiert, bis Konfluenz erreicht war (ca. 1 Mio. Zellen/Flasche). Das Proliferationsmedium wurde zweimal wöchentlich gewechselt, wodurch die bereits ursprünglich nicht adhärenten oder die im Laufe der Kultur apoptotisch gewordenen Zellen aus der Kultur automatisch entfernt waren. Nach der Expansion wurden die Zellen abtrypsiniert, ausgezählt (s. Abschnitt 3.1.1.) und entweder sofort für die Chondrogenese weiterverwendet (s. Abschnitt 3.2.) oder in Cryocups (Nalge Nunc Int. Corp., Rochester, NY, USA) eingefroren (-80°C), je 3-5 Millionen Zellen pro Cup, für spätere Experimente.

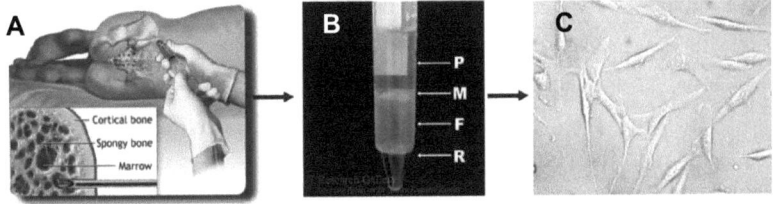

Abb. 3.1. Die Gewinnung von MSCs. **A,** Entnahme von Knochenmark durch Beckenkammpunktion **B,** Aufgetrennte Phasen des Knochenmarks nach Ficoll-Gradientenzentrifugation **C,** Adhärente MSCs am Zellkulturflaschen-Boden. P=Plasma M=mononukleäre Zellen F=Ficoll R=Erythrozyten und Thrombozyten (Bildquellen: A, www.mdconsult.com; B, www.umfacts.um.edu.my; C, eigene Aufnahme)

3.2. In vitro-Chondrogenese

Für die chondrogene Differenzierung wurden die MSCs in 2D-Kultur gebracht und bis zum Erreichen der Konfluenz expandiert, d.h. MSCs der ersten Passage wurden für die Chondrogeneseversuche verwendet. Das Proliferationsmedium wurde in der Abteilung für Klinische Chemie am Universitätsklinikum Regensburg auf Sexualhormone geprüft, um mögliche Effekte, die durch das im Medium enthaltene Serum verursacht werden können, auszuschließen.

Die adhärenten Zellen wurden nach Entfernen des Proliferationsmediums einmal mit sterilem Dulbecco's PBS (PAA, Pasching, Österreich) gespült und danach durch Zugabe von 3 ml Trypsin (PAN Biotech GmbH, Aidenbach, Deutschland) und durch vorsichtiges, aber bestimmtes, seitliches Klopfen an der Flaschenwand vom Zellkulturflaschenboden abgelöst. Die Trypsinwirkung wurde durch die Zugabe von dem doppelten Volumen des serumhaltigen Proliferationsmediums (6 ml) gestoppt. Die Zellen wurden zweimal mit dem Proliferationsmedium gespült und ausgezählt.

Die Anzahl der lebenden Zellen wurde mit Hilfe von Trypanblau (Sigma, Steinheim, Deutschland) bestimmt, indem man die Zahl der blau gefärbten toten Zellen von der Gesamtzellzahl subtrahierte. Hierzu wurden 50 µl Zellsuspension und 50 µl 0,05% Trypanblau-Lösung in einem Eppendorfcup gemischt. Das Gemisch wurde dann in die Neubauer-Zählkammer pipettiert. Als Nächstes wurden die Zellen mit Differenzierungsmedium ohne zusätzliche Faktoren gewaschen, mit 1000 U/min abzentrifugiert und das Medium wurde abgesaugt.

In den nachfolgenden Versuchen kam das Chondrogenese-Modell von Johnstone et al. (1998) zur Anwendung. Nach diesem Modell wurden die expandierten, ausgezählten MSCs in einem serumfreien Differenzierungsmedium aufgenommen. Das Differenzierungsmedium besteht aus DMEM-high-glucose-Medium (Gibco Invitrogen, Karlsruhe, Deutschland), 100 nM Dexamethason (Sigma, Steinheim, Deutschland, entspricht 10-7 M), 1% 100x ITS+3 (insulin–transferrin–selenium, Sigma, Steinheim, Deutschland), 200 µM Ascorbinsäure-2-Phosphat (Sigma, Steinheim, Deutschland), 1 mM Natriumpyruvat (Gibco Invitrogen, Karlsruhe, Deutschland) und 10 ng/ml humanes TGFβ-1 (R&D Systems, Wiesbaden, Deutschland). Die Zellsuspension wurde dann je nach Behandlung zusätzlich mit Hormonen versetzt und in die Wells einer V-Boden 96-well-Platte (Nalge Nunc Int. Corp., Rochester, NY, USA) verteilt. 200.000 Zellen wurden in 350 µl Differenzierungsmedium aufgenommen, pipettiert und anschließend bei 2000 U/min für 5 min zentrifugiert. Die resultierenden Pellets, die im Folgenden als „Aggregate" bezeichnet werden (Abb. 3.2.), wurden bei 37°C, 5% CO2-Gehalt und in wasserdampfgesättigter Atmosphäre inkubiert. Der

Mediumwechsel fand dreimal wöchentlich statt. Nach 1, 7, 14 bzw. 21 Tagen chondrogener Differenzierung wurden nach und nach Aggregate und Kulturüberstände entnommen und in getrennten Eppendorfcups für histologische, immunhistochemische und biochemische Analysen der produzierten knorpelspezifischen ECM aufbewahrt. Nach 21 Tagen Differenzierung endete ein Versuch.

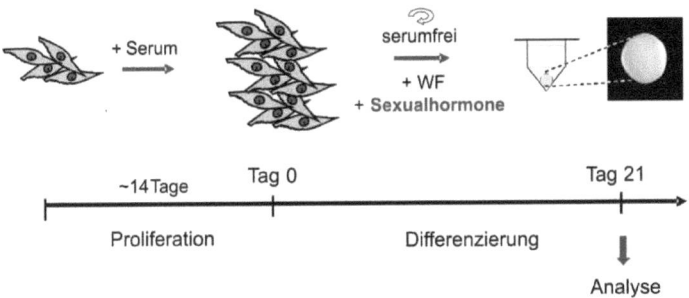

Abb. 3.2. Das Chondrogenese-Modell nach Johnstone und Yoo (1998). WF= Wachstumsfaktoren

3.3. Hormone, Agonisten, Antagonisten

Die Sexualhormone bzw. die verschiedenen Agonisten und Antagonisten der Androgenrezeptoren (AR), der intrazellulären Estrogenrezeptoren (iER) und der membranständigen Estrogenrezeptoren (mER)(Tab. 3.1.) wurden in 100% Ethanol (Mallinckrodt Baker B.V. AA Deventer, Holland) gelöst, sterilfiltriert und die 10^{-3} M Stocklösungen wurden als Aliquots (50-100 µl) bei -80°C gelagert. E2-BSA bildete hier eine Ausnahme. Diese Substanz wurde in sterilem Dulbecco's PBS (PAA, Pasching, Österreich) gelöst und, wie bereits in der Literatur beschrieben, durch Abzentrifugation in einem Zentrifugen-Filter-Röhrchen mit 3kDa Porengröße (Millipore, Schwalbach, Deutschland) das möglicherweise vorhandene freie E2 entfernt (Beker-van Woudenberg et al., 2004; Taguchi et al., 2004). Eine 10^{-6} molare Stocklösung wurde aliquotiert (je 50 µl) und bei -80°C gelagert.

Bei jedem Mediumwechsel erfolgte die Verdünnung der Stocklösungen mit/in dem Differenzierungsmedium erneut. Da E2-BSA nicht in 100% Ethanol gelöst war, wurde in diesem

Fall zusätzlich Ethanol in der entsprechenden Endkonzentration zum Differenzierungsmedium hinzugefügt. Alle Substanzen wurden kommerziell erworben, allein G15 gab es zum Zeitpunkt der Versuchsplanung und -durchführung noch nicht zu kaufen und wurde von den Kooperationspartnern Markus Hager und Prof. Dr. Oliver Reiser (Institut für Organische Chemie, Universität Regensburg) nach dem Protokoll von Dennis et al. (2009) synthetisiert.

	AR	iERα	iERβ	mERα	GPR30
DHEA	+	-	-	-	-
T	+	-	-	-	-
E2	-	+	+	+	+
E2-BSA	-	-	-	+	+
ICI 182.780	-	ø	ø	+	+
G1	-	-	-	-	+
G15	-	-	-	-	ø

Tabelle 3.1. Die in der Arbeit verwendeten Sexualhormone und weitere Steroidrezeptor-Agonisten- bzw. Antagonisten. (- = keine Bindung, + = Agonist, ø = Antagonist; keine Berücksichtigung von Konversionen z.B. durch Aromatase)

3.4. Nachweis spezifischer Sexualhormonrezeptoren

Nachweis der klassischen Estrogenrezeptoren

Da Steroidhormone über spezifische Rezeptoren wirken, war der Nachweis dieser Rezeptoren im Vorfeld der Versuche besonders wichtig. Für die immunhistochemische Detektion der Hormonrezeptoren ERα/β und des Androgenrezeptors (AR) wurden Aggregate aus verschiedenen Phasen der chondrogenen Differenzierung (Tag 1, 7, 14, 21) in 4% PFA (in 0,1 M Phosphatpuffer, Riedel-de Haën, Sigma, Steinheim, Deutschland) für 1 h fixiert. Nach der Einbettung in Paraffin wurden 5 µm dicke Schnitte angefertigt (Mikrom Mikrotom, HM500 OM) und anschließend entparaffiniert mit Hilfe von Xylol und absteigender Alkoholreihe (2x100% Xylol; 2x100%, 96%, 90%, 80%, 70% Propanol). Als Nächstes erfolgte die Erhitzung der Präparate in 10 mM

Citratpuffer (90°C für 40 min), der Verdau mit 0,5% Trypsin (GIBCO, Invitrogen, Karlsruhe, Deutschland) (37°C für 20 min) und das Blocken von unspezifischen Bindungsstellen mit 10% FCS (PAN Biotech GmbH, Aldenbach, Deutschland) und 10% Ziegenserum (Dako Deutschland GmbH, Hamburg, Deutschland) in Blocking Puffer bei RT für 45 min. Die Schnitte wurden dann auf RT für 8-12 h mit dem Primärantikörper und anschließend mit dem Sekundärantikörper (Tab. 3.2.) auf RT für 1 h inkubiert.

Antigen	Primärantikörper	Verdünnung	Sekundärantikörper	Verdünnung
ERα	Maus monoklonal anti-ERα IgG1 (ABR, Golden, CO, USA)	1:100	Ziege anti-Maus IgG (Dianova, Hamburg, Deutschland)	1:100
ERβ	Kaninchen polyklonal anti-ERβ IgG (Upstate, Lake Placid, NY, USA)	1:100	Ziege anti-Kaninchen IgG (Dianova, Hamburg, Deutschland)	1:100
AR	Maus momoklonal anti AR IgG1(Imgenex, San Diego, USA)	1:50	Ziege anti-Maus IgG (Dianova, Hamburg, Deutschland)	1:100

Tabelle 3.2. Für den Nachweis von spezifischen Sexualhormonrezeptoren verwendete Antikörper

Die positive immunhistochemische Reaktion wurde mit Hilfe von HRP-konjugiertem Streptavidin-Biotin-Komplex (Vectastain, Vector Laboratories Inc., Burlingame, CA, USA) und DAB (3,3´-diaminobenzidin-tetrahydrochloride-hydrat, Sigma, Steinheim, Deutschland) sichtbar gemacht.

GPR30-Nachweis

Die Existenz des 7-Transmembran-Rezeptors GPR30 wurde zunächst in der 2D Monolayerkultur gezeigt, da am Tag 1, in der Frühphase der Differenzierung, die Aggregate sehr dicht und homogen sind in der Struktur und die spezifische Färbung der Zellmembrane einzelner Zellen auf den 5 μm dünnen Schnitten nicht eindeutig detektierbar waren. Der Nachweis von GPR30 am Tag 7, 14 und

21 war dagegen in 3D Präparaten aufgrund der zwischen den Zellen abgelagerten extrazellulären Matrix möglich. Adhärente MSCs wurden in chamber slides (Nunc GmbH & Co. KG, Langenselbold, Deutschland) mit 4% PFA (in 0,1 M Phosphatpuffer, Riedel-de Haën, Sigma, Steinheim, Deutschland) für 5 min fixiert. Die Fixierung und das Schneiden der Aggregate erfolgten wie oben beschrieben. Die Präparate wurden anschließend mit Primärantikörper gegen GPR30 auf RT für 8-12 h bzw. mit Sekundärantikörper bei RT für 1 h inkubiert (Tab. 3.3.). In den Aggregatpräparaten wurde der biotinylierte Sekundärantikörper mit HRP-konjugiertem Streptavidin-Biotin-Komplex und DAB sichtbar gemacht.

Antigen	Primärantikörper	Verdünnung	Sekundärantikörper	Verdünnung
GPR30	Kaninchen polyklonal anti-GPR30 IgG (Acris Antibodies, Hiddenhausen, Deutschland)	1:100	FluoroLink^{TM} Cy^{TM}2 Ziege anti-Kaninchen IgG bei der 2D Detektion (Amersham, München, Deutschland)	1:100
			Ziege anti-Kaninchen IgG bei Aggregatschnitten (Dianova, Hamburg, Deutschland)	1:100

Tabelle 3.3 Für den Nachweis von GPR30 verwendete Antikörper

3.5. Sexualhormonzugabe während der Proliferation

Der Einfluss von Steroidhormonen auf die Proliferation von MSC wurde geprüft, indem die sich in Monolayer vermehrenden MSCs mit 10^{-7} M DHEA, T oder E2 behandelt wurden. Es wurden native, d.h. noch nicht vorexpandierte MSCs ausschließlich männlicher Spender verwendet. Die Kontrollgruppe erhielt kein Hormon. Das Proliferationsmedium mit oder ohne Hormonzugabe wurde zweimal pro Woche erneuert. In diesem Experiment wurden Zellen von insgesamt 8 Patienten eingesetzt (Abb. 3.3.).

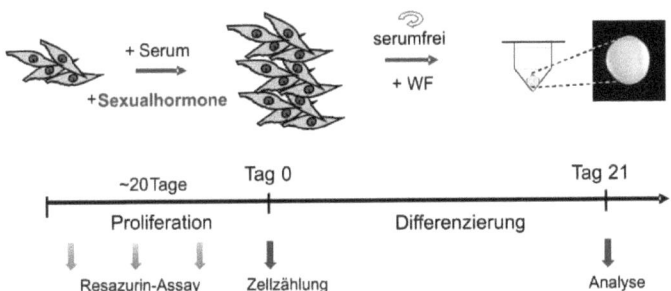

Abb. 3.3. Das Chondrogenese-Modell nach Johnstone und Yoo (1998) mit Angabe der Analysezeitpunkte und -methoden in der Proliferationsphase. WF= Wachstumsfaktoren

3.5.1. Zellvitalitätsmessung

Resazurin ist ein blauer Farbstoff, der durch vitale Zellen irreversibel zum pinkfarbenen, fluoreszierenden Resorufin reduziert wird (Abb. 3.4.). Resazurin ist wasserlöslich und ungiftig. Deshalb eignet es sich hervorragend zum Einsatz in der Zellkultur. Ursprünglich wurde Resazurin zur Messung der Zytotoxizität von Substanzen verwendet (O'Brien, 2000). Neuere Studien zeigten jedoch, dass zwischen Vitalität und Zellzahl in proliferierenden Zellkulturen eine Korrelation besteht (Borra, 2009).

Zur Bestimmung der metabolischen Aktivität der proliferierenden MSCs wurde Resazurin (Sigma, Steinheim, Deutschland) in sterilem Dulbecco´s PBS (PAA, Pasching, Österreich) aufgelöst, die 0,7 mM Stammlösung wurde aliquotiert und bei -20°C eingelagert. Vor der Messung wurde das Kulturmedium aus den Zellkulturflaschen entfernt und sofort mit 10 ml Resazurin-Arbeitsmedium, das durch eine 1:11 Verdünnung der Stammlösung mit Proliferationsmedium hergestellt wurde, versetzt. Es war wichtig, während dieser Arbeitsschritte die Proben vor Licht zu schützen. Die Zellkulturflaschen wurden 1 h im Brutschrank bei 37°C, 5% CO_2-Gehalt und in wasserdampfgesättigter Atmosphäre inkubiert. Anschließend wurde das Resazurinmedium aufgenommen und in eine 96-Well-Platte überführt (200 µl/well). Die Messung der Extinktion (bei 545 nm) bzw. der Emmission (bei 590 nm) erfolgte mit dem Tecan GENios Microplate Reader. Die

Zellen erhielten sofort nach der Entnahme des Resazurinmediums frisches Proliferationsmedium mit dem jeweiligen Hormon und wurden weiterkultiviert.

Die Messung der metabolischen Aktivität wurde viermal während der Proliferation durchgeführt, zwischen Tag 10-13, Tag 18-21, Tag 26-29 und am letzten Tag. Der letzte Tag wurde festgelegt, indem man optisch die Expansion der Zellen verfolgte. Als die erste Gruppe Konfluenz zeigte, wurde der Versuch abgebrochen.

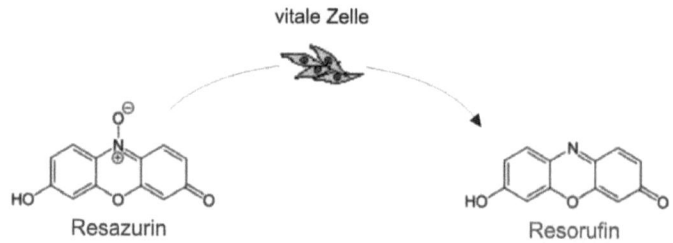

Abb. 3.4. Die Umwandlung von Resazurin zu Resorufin durch Reduktion in vitalen MSCs

3.5.2. Zellauszählung

Am Ende des Proliferationsversuchs erfolgte die Auszählung der MSCs der verschieden behandelten Gruppen wie bereits im Abschnitt 3.1.1. beschrieben. Die Zellzahl der einzelnen Gruppen wurde anschließend als % der Kontrollgruppe angegeben.

3.5.3. Die chondrogene Differenzierung

Die unter Sexualhormoneinfluss expandierten MSCs wurden nach der Auszählung (3.5.2.) in der 3-dimensionalen Aggregatkultur chondrogen differenziert, wie im Abschnitt 3.2. bereits beschrieben. In der Differenzierungsphase erhielten die Zellen keine Sexualhormonbehandlung mehr. Das Differenzierungsmedium wurde dreimal pro Woche gewechselt. Nach 21 Tagen erfolgte die Analyse der Aggregate mittels Kollagen-II-ELISA (Abschnitt 3.8.1.) und dsDNA-Assay (Abschnitt 3.8.3.).

3.6. Sexualhormonzugabe während der Differenzierungsphase

Nach dem bereits beschriebenen Modell von Johnstone und Yoo (s. Abschnitt 3.2.) enthält das Differenzierungsmedium Dexamethason. In den folgenden Versuchen sollte untersucht werden:
- Welchen Einfluss hat Dexamethason auf die chondrogene Differenzierung?
- Kann die Dexamethasonwirkung durch Sexualhormone ersetzt werden?
- Sind Einflüsse auf die Chondrogenese bei additiver Applikation erkennbar?

3.6.1. Die Rolle von Dexamethason

Die Aggregate wurden während der chondrogenen Differenzierung mit verschiedenen Hormonkombinationen kultiviert: ohne Steroidhormonzugabe; nur mit Dexamethason; nur mit dem weiblichen Geschlechtshormon, 17β-estradiol (E2, Sigma, Steinheim, Deutschland); nur mit dem männlichen Geschlechtshormon Testosteron (T, Sigma, Steinheim, Deutschland); nur mit der Vorstufe von beiden, Dehydroandrosteron (DHEA, Sigma, Steinheim, Deutschland) bzw. mit der Kombination von Dexamethason und je einem Sexualhormon. Nach 21 Tagen Differenzierung erfolgte die makroskopische, histologische und biochemische Analyse der Chondrogenesequalität (s. Kollagen-II-PCR, Abschnitt 3.8.6. bzw. –ELISA, Abschnitt 3.8.1.).

3.7.2. Zugabe von DHEA, T und E2

Um den dosisabhängigen Einfluss von Sexualhormonen auf die chondrogene Differenzierung zu untersuchen, wurden die Aggregate während der Differenzierungsphase mit DHEA, T oder mit E2 behandelt. Diese drei Hormone wurden jeweils in der niedrigsten und der höchsten physiologischen Konzentration (Tab. 3.4.) zum Differenzierungsmedium, in dem die Zellen resuspendiert waren, hinzupipettiert. Während der gesamten Differenzierung erfolgte die Zugabe dieser Hormone erneut bei jedem Mediumwechsel. Als Kontrolle diente eine Gruppe, die außer Dexamethason kein Hormon zusätzlich enthielt. Da Sexualhormone in Ethanol aufgelöst werden, könnte Ethanol hormonunspezifische Effekte hervorrufen (Langer, 2010). Um dies zu vermeiden, wurde zum

Kontrollmedium ebenfalls die höchste Ethanolmenge hinzugefügt, die im Versuch vorkam (in diesem Fall wie bei 10^{-6} M Testosteron). Am Tag 1, 7, 14 und 21 wurden pro Gruppe je 3 Aggregate für makroskopische, histologische und immunhistochemische Analysen entnommen und verarbeitet (ELISA, GAG-Assay) (s. Abschnitt 3.8.1. und Abschnitt 3.8.2.). Für die biochemischen Untersuchungen waren am Tag 0 und 21 jeweils 4 Aggregate pro Versuchsgruppe vorgesehen. Insgesamt wurden die MSCs von 4 Patienten in diesem Versuch verwendet.

	E2	T	DHEA
niedrigste physiologische Konzentration	10^{-11} M	10^{-9} M	10^{-10} M
höchste physiologische Konzentration	10^{-8} M	10^{-6} M	10^{-7} M

Tabelle 3.4. Die in den Versuchen eingesetzten physiologisch niedrigsten und höchsten Steroidhormonkonzentrationen

3.6.3. E2-Dosis-Wirkungs-Beziehung

Steroidhormone und somit auch E2 entfalten ihre Wirkung konzentrationsabhängig. Daher wurde in diesem Versuch die Dosis-Wirkungs-Beziehung von E2 untersucht. Die Konzentrationen von 10^{-11} M bis 10^{-8} M wurden zum dexamethasonhaltigen Differenzierungsmedium der Aggregate hinzugefügt. Als Kontrolle diente die Dexamethason-Gruppe ohne Sexualhormone. Die Aggregatentnahme erfolgte am Tag 1, 7, 14 und 21 für Makroskopie, Histologie und Immunhistochemie bzw. am Tag 0 und 21 für die biochemischen Analysen (ELISA, GAG-Assay, s. Abschnitt 3.8.1. und Abschnitt 3.8.2.). In diesem Experiment wurden Zellen von insgesamt 8 männlichen und 8 weiblichen Patienten eingesetzt.

3.6.4. Blockierung der klassischen Estrogen-Rezeptoren

Um den klassischen, intrazellulären Signalweg von E2 zu blocken, wurde der spezifische iER-Inhibitor ICI 182.780 (TOCRIS Bioscience, Bristol, UK) verwendet. Dem Differenzierungsmedium wurde entweder ICI 182.780 allein oder ICI 182.780 in Kombination mit E2 in unterschiedlichen Konzentrationen (10^{-11}-10^{-8} M) zugefügt. ICI 182.780 wurde in der Konzentration von 10^{-7} M eingesetzt, um einen mindestens zehnfachen Überschuss im Vergleich zu der E2-Menge im Medium zu erreichen. In diesem Versuch betrug die Anzahl der MSC-Spender n=8. Die Auswertung der Differenzierung erfolgte makroskopisch, histologisch und immunohistochemisch (Tag 1, 7, 14, 21) bzw. molekularbiologisch (ELISA, GAG-Assay, s. Abschnitt 3.8.1. und Abschnitt 3.8.2.). Ausgewertet wurde die Qualität der Chondrogenese nach ICI 182.780-Behandlung oder nach Koinkubation mit E2 plus ICI 182.780 im Vergleich zur Kontrolle bzw. im Vergleich zur alleinigen E2-Behandlung.

3.6.5. Zugabe von E2-BSA

Die Verwendung von E2-BSA (Sigma, Steinheim, Deutschland) ermöglichte die Prüfung der Rolle von membranassoziierten E2-Rezeptoren während der chondrogenen Differenzierung, da durch die kovalente Kopplung von E2 an BSA ein membranimpermeables Konjugat entstand. E2-BSA wurde in den Konzentrationen von 10^{-11}-10^{-8} M eingesetzt, um die Effekte mit dem Einfluss von E2 der gleichen Dosis vergleichen zu können. Die Entnahme von Aggregaten erfolgte am Tag 1, 7, 14 und 21 für Makroskopie, Histologie und Immunhistochemie bzw. am Tag 0 und 21 für biochemische Untersuchungen (ELISA, GAG-Assay, s. Abschnitt 3.8.1. und Abschnitt 3.8.2.). Die erhaltenen Ergebnisse der E2-BSA-Behandlung wurden mit der Kontrolle und mit den entsprechenden E2-Gruppen verglichen. Insgesamt wurden die MSCs von 8 Patienten verwendet.

3.6.6. Stimulierung und Blockierung von GPR30

Da der 7-transmembran-Rezeptor GPR30 in die E2-Signalwege involviert ist, wurde die Wirkung von E2 bzw. dem spezifischen GPR30-Agonisten, G-1 (Merck, Darmstadt, Deutschland), und dem spezifischen GPR30-Antagonisten, G15 (Synthese in Regensburg, Markus Hager, Lehrstuhl Prof. Dr. Oliver Reiser), auf die chondrogene Differenzierung mesenchymaler Stammzellen geprüft. E2 wurde in einer Konzentration von 10^{-8} M eingesetzt. Für G-1 und G15 wurde ebenfalls die 10^{-8} molare Konzentration gewählt, da ihre Bindungkapazität zu GPR30 in dieser Dosis E2 am ähnlichsten ist (Bologa und Prossnitz et al. 2006, Dennis und Prossnitz et al. 2009). Die Aggregate, aus MSCs von 8 Spendern, wurden mit E2 allein, G-1 allein und G15 allein behandelt oder koinkubiert mit E2 plus G15 bzw. G-1 plus G15. Durch diese Koinkubationen sollte das Potenzial

Kapitel 3 *Material und Methoden*

von G15, die Effekte von E2 oder G-1 aufheben zu können, geprüft werden. Als Kontrolle diente die Dexamethason-Gruppe. Die Auswertung erfolgte einerseits makroskopisch, histologisch und immunhistochemisch, andererseits molekularbiologisch (ELISA, GAG-Assay, qPCR) (s. Abschnitt 3.8.1., 3.8.2. und 3.8.7.) nach 21 Tagen Differenzierung. In diesem Versuch wurden nicht nur die chondrogenen Marker (Kollagen II, sGAGs) quantifiziert, sondern auch Kollagen I (Marker des Faserknorpels), die spezifischen Marker der Hypertrophie (Kollagen X und MMP13) sowie Sox9 (wichtigster Transkriptionsfaktor der Chondrogenese) analysiert (s. Abschnitt 3.8.7.).

3.6.7. Sequenzielle E2- und E2-BSA Behandlung

Die Chondrogenese ist ein Reifungsprozess von undifferenzierten MSCs bis zu hypertrophem Knorpel. Daher stellte sich die Frage, ob E2 in allen Phasen die Chondrogenese beeinflusst.

Die Aggregate wurden sequenziell mit E2 oder E2-BSA behandelt in der wirksamsten Konzentration, 10^{-8} M, jeweils ausschließlich in den Zeitabschnitten: Tag 0-7, Tag 7-14, Tag 14-21 und Tag 0-21 der Differenzierung. An den Tagen ohne Steroidbehandlung wurden die Aggregate im Kontrollmedium kultiviert (Tab. 3.5.). Nach 21 Tagen erfolgte die Analyse der Chondrogenesequalität im Vergleich zur Kontrollgruppe, die zu keinem Zeitpunkt mit E2 oder E2-BSA behandelt wurde. Sowohl bei der sequenziellen E2- als auch bei der sequenziellen E2-BSA-Behandlung wurden die MSCs von 8 Spendern eingesetzt.

	Tag 0-7	Tag 7-14	Tag 14-21	Tag 0-21
Gruppe 1 (Dex.-Kontrolle)	-	-	-	-
Gruppe 2	E2/E2-BSA	-	-	-
Gruppe 3	-	E2/E2-BSA	-	-
Gruppe 4	-	-	E2/E2-BSA	-
Gruppe 5	E2/E2-BSA	E2/E2-BSA	E2/E2-BSA	E2/E2-BSA

Tabelle 3.5. Sequenzielles-Behandlungsschema der einzelnen Versuchsgruppen mit E2 oder E2-BSA

3.7. Qualitative Bewertung der Chondrogenese-Qualität

3.7.1. Probenentnahme und Fixierung

Nach 1, 7, 14 und 21 Tagen chondrogener Differenzierung wurden je 3-4 Aggregate pro Versuchsgruppe aus der 96-Platte entnommen und in 4% PFA (Riedel-de Haën, Sigma, Steinheim, Deutschland) (in 0,1 M Phosphatpuffer) für 20 min mit und für 40 min ohne Glutardialdehyd (Roth, Karlsruhe, Deutschland) fixiert. Nach dem Waschen mit 0,1 M Phosphatpuffer für 1 h und nach Inkubation in Saccharoselösung mit steigender Konzentration (10%, 20%, 30%) bzw. in 1:1 Saccharoselösung:TissueTek (Sakura, Zoeterwoude, NL) für jeweils 1 h wurden die Aggregate in TissueTek eingebettet und in flüssigem Stickstoff eingefroren. Die Anfertigung der 10-12 µm dünnen Cryoschnitte erfolgte am Microm HM 500 OM Cryotom (Microm, Berlin, Deutschland).

3.7.2. Makroskopie

Um über die Größe der Aggregate und damit indirekt über die ECM-Synthese der Zellen eine Aussage treffen zu können, wurden die Aggregate nach der Fixierung unter einem Binokular (mit Polaroid PDMC-3 Kamera) fotografiert und die einzelnen Versuchsgruppen untereinander verglichen.

3.7.3. Histologie

Die angefertigten Cryoschnitte wurden mit dem metachromatischen Farbstoff DMMB (0,1% 1,9-dimethylmethylenblue, Sigma, Steinheim, Deutschland) angefärbt, um die während der chondrogenen Differenzierung synthetisierten, sulfatierte Glykosaminoglykane (sGAGs) nachzuweisen (Hoemann, 2002). Die blaue Farbe des Farbstoffes wechselt nach Purpur in Abhängigkeit von der sGAG-Konzentration. Nach dem Entfernen des TissueTek durch Inkubation in Leitungswasser für 5 min erfolgte die Anfärbung mit 0,1% DMMB, das anschließende Waschen der Schnitte in Wasser (2x 1 min) und die Entwässerung (80%, 90%, 2x100%Propanol; 2x100% Xylol, jeweils für 5 min). Schließlich wurden die Präparate mit DePex-Lösung (Serva

Electrophoresis GmbH, Heidelberg, Deutschland) luftdicht abgeriegelt und bis zur Fotodokumentation am Mikroskop trocken aufbewahrt.

3.7.4. Immunohistochemie

Für die immunhistologische Auswertung der Kollagen-II-Synthese während der Chondrogenese wurden die Cryoschnitte vor dem Blocken der unspezifischen Bindungsstellen mit 10% FCS (PAN Biotech GmbH, Aldenbach, Deutschland) und 10% Ziegenserum (Dako Deutschland GmbH, Hamburg, Deutschland) in Blocking Puffer, kurz angedaut mit 3 mg/ml Pepsin (Sigma, Steinheim, Deutschland) in 1x McIlvaine-Puffer bei 37°C für 15 min. Nach der Inkubation mit dem Primärantikörper gegen Kollagen II erfolgte die Sichtbarmachung des gebundenen biotinylierten Sekundärantikörpers (Tab. 3.6.) mit HRP-konjugiertem Streptavidin-Biotin-Komplex und DAB.

Antigen	Primärantikörper	Verdünnung	Sekundärantikörper	Verdünnung
Kollagen Typ II	Maus anti-Kollagen-Typ-II IgG1 (Calbiochem, Darmstadt, Deutschland)	1:100	Ziege anti-Maus IgG (Dianova, Hamburg, Deutschland)	1:100

Tabelle 3.6. Für den Nachweis von Kollagen Typ II verwendete Antikörper

3.8. Molekularbiologische Bewertung der Chondrogenese-Qualität

3.8.1. Kollagen-II-ELISA

Vor der Quantifizierung der synthetisierten ECM-Bestandteile (Kollagen II, sGAGs) bzw. der in den Zellen befindlichen dsDNA wurden je 4 Aggregate pro Versuchsgruppe mit PowerGen 1000 (Fischer Scientific GmbH, Schwerte, Deutschland) homogenisiert und anschließend mit Pepsin (Sigma, Steinheim, Deutschland) verdaut. Die Behandlung mit Pepsin bewirkt die Entfernung der N- und C-terminalen Telopeptide des Kollagens. Die nachfolgenden Schritte der

Probenvorbereitung erfolgten strikt nach dem Native Type II Collagen Detection Kit 6009-Protokoll (Chondrex Inc, Redmont, WA, USA) mit jeweils der Hälfte der angegebenen Volumina wie z.B. der Weiterverdau der Aggregate mit Elastase aus dem porcinen Pankreas (Serva, Heidelberg, Deutschland). Elastase löst die intra- und intermolekularen Quervernetzungen des Kollagens, wodurch es in Monomeren vorliegt (Abb. 3.5.).

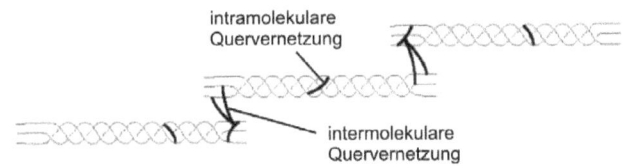

Abb. 3.5. Schematische Darstellung der intra- und intermolekularen Quervernetzungen des Typ II Kollagens

Auf folgende Weise wurden die Proben vorbehandelt:
- Homogenisation der Aggregate in 400 µl 0,05 M Essigsäure + 0,5 M NaCl (pH 2.9-3.0) bei RT
- Erster Verdauschritt mit 50 µl Pepsin (10 mg/ml) in 0,05 M Essigsäure auf einem Rotator (35 U/min) für 48 h bei 4°C
- Zugabe von 50 µl 10x TBS und Anpassen des pH-Wertes (pH=8) mit 1 N NaOH bei RT
- Zweiter Verdauschritt mit 50 µl Elastase (1 mg/ml) in 1x TBS auf einem Rotator (35 U/min) ÜN bis 24 h bei 4°C
- Zentrifugation bei 13.000 U/min für 5 min
- Verdünnung und Analyse der Überstände

Der Kollagen-II-ELISA wurde nach den oben beschriebenen Verdauungsschritten anhand des Native Type II Collagen Detection Kit 6009-Protokolls durchgeführt. Die Proben wurden dem histologischen Bild entsprechend verdünnt und dreifach aufgetragen (Bei 4 Aggregaten mussten die Proben erfahrungsgemäß 15-100-fach verdünnt werden). Die Messung der Kollagen-Typ-II-Konzentrationen erfolgte bei 490 nm mit dem Tecan GENios Microplate Reader. Die Konzentration von Kollagen Typ II wurde normiert, indem man diese mit der DNA-Konzentration teilte.

3.8.2. Glykosaminoglykan-Assay

Die Messung der GAGs erfolgte nach einem modifizierten Protokoll (Hoemann et al., 2002). Das Prinzip des Assays beruht auf der metachromatischen Eigenschaft des Farbstoffs DMMB (0,0018% 1,9-dimethylmethylenblue, Sigma, Steinheim, Deutschland), wie bereits beschrieben. Als Standard wurde Chondroitinsulfat A (Sigma, Steinheim, Deutschland) eingesetzt, das vorher nach dem oben beschriebenen Chondrex-Protokoll verdaut wurde. Die Proben und der Standard wurden in einem Na_2EDTA-Puffer, der L-Cystein enthält, verdünnt. Die höchste Standardkonzentration betrug 80 µg/ml und die weiteren Standardverdünnungen wurden in 2-er Schritten hergestellt. Die Verdünnung der Proben erfolgte dem histologischen Bild entsprechend (Bei 4 Aggregaten mussten die Proben erfahrungsgemäß 16-64-fach verdünnt werden). Je 25 µl Standard bzw. Probe und 250 µl DMMB-Reagenz wurden pro Well einer 96-Well-Platte pipettiert und sofort bei 595 nm im Tecan GENios Microplate Reader gemessen. Die Konzentration von sGAGs wurde normiert, indem man diese mit der DNA-Konzentration teilte.

3.8.3. DNA-Quantifikation

Die Messung der doppelsträngigen DNA-Konzentration (dsDNA) erfolgte fluorimetrisch nach dem Quant-iT^{TM} ® dsDNA Assay Kit Protokoll (Invitrogen, Oregon, USA). Die nach dem Chondrex-Protokoll verdauten Proben wurden mit dem im Picogreen-Kit vorhandenen TE-Puffer 16-32-fach verdünnt, da sich diese Verdünnung in Vorarbeiten als optimal herausgestellt hat (Angele et al. 2003). Die Konzentration von dsDNA wurde im Tecan GENios Microplate Reader gemessen (Anregung bei 485 nm und Emission bei 535 nm).

3.8.4. CD-RAP-Quantifikation mittels MIA-ELISA

Die Bestimmung der von den Aggregaten synthetisierten CD-RAP-Konzentration erfolgte aus dem Aggregatüberstand nach dem MIA-ELISA-Protokoll (Roche Diagnostics GmbH, Mannheim, Germany). Bei diesem Test wird CD-RAP nach dem Prinzip einer Sandwich-ELISA durch den grünen Farbstoff 2,2'-Azino-di-(3-ethylbenzthiazolin)-6-sulfonsäure (ABTS) colorimetrisch quantifiziert. Die Aggregatüberstände wurden unverdünnt oder 10-50-fach verdünnt als Duplikate aufgetragen.

3.8.5. RNA-Isolierung und cDNA-Synthese

Die Isolierung von RNA aus den Aggregaten erfolgte nach der Methode nach Chomczynski und Sacchi (1987/2006). Diese Methode ermöglicht die Gewinnung von RNA aus Geweben mittels Trizol (RNA-Bee, s. unten). Trizol lysiert die Zellen, inaktiviert RNAsen und enthält Phenol, das DNA und Proteine in der Probe löst. Hiernach erfolgt die Trennung der wässrigen RNA-Phase von der DNA- und Proteinphase bzw. die Reinigung der RNA:

Homogenisation
- in 800 µl RNA-Bee (RNA Isolation Solvent, TEL-TEST, INC. Friendswood, TX, USA)
- RNA-Extraktion
  - Zugabe von 80 µl Chloroform pro Homogenat, 15 sec per Hand stark schütteln
  - 5 min Inkubation bei +4°C
  - Zentrifugation für 15 min bei 12.000g (+4°C)
- RNA-Präzipitation
  - Überführung der oberen wässrigen Phase in ein frisches Eppendorfcup
  - Zugabe von Isopropanol (~ 400 µl)
  - Mischen der Proben mit der Pipettenspitze
  - Inkubation für 45 min (bis ÜN) auf Eis (+4 °C)
  - Zentrifugation für 15 min bei 12.000g bei +4°C

- RNA-Reinigung
  - Entfernung Überstands
  - Zugabe von 800 µl 75 %-igem Ethanol
  - Mischen der Proben mit Vortex
  - Zentrifugation für 8 min bei 7500g bei +4°C.
  - Entfernung Überstands
  - Trocknen von RNA 60- 90 min an der Luft unter der Sterilbank
  - Lösen der RNA in DEPC-Wasser (20 µl) DEPC

Nach der Entfernung evtl. vorhandener DNA mit dem DNA-free Kit (Ambion, Austin, TX, USA), wurde die RNA-Konzentration der Proben bestimmt mit Hilfe vom Picodrop-Messgerät (Biozym, Oldendorf, Deutschland). Anschließend, nach Prüfung der RNA-Qualität mit Hilfe von Agarose-

Gelelektrophorese, wurden jeweils 1 µg RNA in cDNA umgeschrieben durch die Verwendung von dem SuperScript^R II kit (Reverse Transcriptase, Invitrogen, Carlsbad, CA, USA).

3.8.6. qPCR im Light Cycler

In den Vorversuchen zur Wirkung von verschiedenen Steroidhormonen (3.6.) wurde die Expression des Kollagen-II-Gens mit Light Cycler bestimmt. Die Genexpression des Zielgens wurde nach dem Hauskeepergen GAPDH normiert. Die Isolation von RNA und die cDNA-Synthese erfolgte wie oben beschrieben (3.8.5.). Die Primer (Tab. 3.7.; TIB Molbiol Berlin, Deutschland) wurden in der Konzentration von 0,05 pmol/µl eingesetzt. Die PCR-Reaktion erfolgte nach Denaturierung (10 min) für 40 Zyklen nach folgendem Temperaturprofil: Denaturierung 95°C 5 Sekunden, Annealing 60°C 5 Sekunden, Elongation 72 °C 25 Sekunden. Jede Probe wurde dreifach bestimmt. Der Reaktionsansatz von je 20 µl wurde folgendermaßen hergestellt:

Primer	je 0,2 µl
Fast Start	2 µl
MgCl$_2$	1,6 µl
a.d.	auf 18 µl
cDNA	2 µl
	20 µl

Gen	Primer-Sequenz (5'→ 3')	Amplikon-Länge [bp]	Tm [C°] Primer
Kollagen II (hColII)	for.: TTCAGCTATGGAGATGACAATC	471	60
	rev.: AGAGTCGAGTGACTGAG		60
GAPDH (hGAPDH)	for.: GAAGGTGAAGGTCGGAGTC	226	60
	rev.: GAAGATGGTGATGGGATTTC		60

Tabelle 3.7. Die in den Light-Cycler-Analysen verwendeten Primer

3.8.7. qPCR im Mx3005P™ Real-Time PCR System

Um die Expression von Kollagen I oder Kollagen X und MMP13 zu analysieren, wurden die einzelnen Versuchsgruppen mit Hilfe von qPCR untersucht. Außerdem erfolgte die Untersuchung der Sox9-Expression. Hierzu wurden die Aggregate in RNA-Bee (RNA Isolation Solvent, TEL-TEST, INC. Friendswood, TX, USA) homogenisiert und die RNA wurde aus jeweils 4 Aggregaten pro Versuchsgruppe mittels der klassischen Chloroform-Isopropanol-Ethanol-Methode isoliert (s. oben.)

Die cDNA wurde vor dem Einsatz 1:2 verdünnt. Die PCR-Ansätze wurden mit Brillant^R II SYBR Green QPCR Master Mix (Stratagene, Cedar Creek, TX, USA) und den spezifischen Primern (1nM; Tab. 3.8. ; MWG Biotech AG, Ebersberg, Deutschland) vorbereitet, 10 Minuten bei 95 °C denaturiert und nach dem Temperaturprofil Denaturierung 95°C 30 Sekunden, Annealing 60°C 60 Sekunden, Elongation 72 °C 60 Sekunden 40 Zyklen lang laufen lassen. Der Reaktionsansatz von je 25 µl wurde folgendermaßen hergestellt:

Primer	je 0,5 µl
SYBR-Green	12,5 µl
Rox-Referenz-Dye	0,375 µl
a.d.	auf 20 µl
cDNA	5 µl
	25 µl

Die Proben wurden in eine 96-Well-PCR-Platte (Kisker GbR, Steinfurt, Deutschland) als Triplikate aufgetragen und anschließend mit Hilfe der MxPro QPCR Software für Mx3000P und Mx3005P QPCR Systems (Stratagene, La Jolla, CA, USA) analysiert. Die Genexpression der Zielgene wurde nach dem Hauskeepergen GAPDH normiert.

Gen	Primer-Sequenz (5'→ 3')	Amplikon-Länge [bp]	Tm [C°] Primer
Kollagen I (hCol1)	for.: ACGTCCTGGTGAAGTTGGTC	172	59,4
	rev.: ACCAGGGAAGCCTCTCTCTC		61,4
Kollagen X (hColX)	for.: CCCTCTTGTTAGTGCCAACC	154	59,4
	rev.: TGAGGCCTTTAGTTGCTATGC		59,3
MMP-13 (hMMP-13)	for.: GACTGGTAATGGCATCAAGGGA	149	60,3
	rev.: CACCGGCAAAAGCCACTTTA		59,3
Sox9 (hSox9)	for: ACACACAGCTCACTCGACCTTG	104	62,1
	rev: AGGGAATTCTGGTTGGTCCTCT		60,3
GAPDH (hGAPDH)	for.: CTGACTTCAACAGCGACACC	120	59,4
	rev.: CCCTGTTGCTGTAGCCAAAT		57,3

Tabelle 3.8. Die in den MxPro -Analysen verwendeten Primer

3.8.8. Auswertung der PCR-Ergebnisse

Die Light-Cycler- und MxPro-Ergebnisse wurden nach dem gleichen Schema ausgewertet, indem zunächst der ΔC_t-Wert ($C_{t(Targetgen)}$-$C_{t(Referenzgen)}$) ermittelt wurde, gefolgt von der Berechnung des $\Delta\Delta C_t$-Wertes ($C_{t(Probe)}$-$C_{t(Kontrolle)}$). Die relative Expression des Target-Gens im Vergleich zur Kontrolle wurde schließlich mit Hilfe folgender Formel errechnet:

$$\text{Relative Expression} = 2^{-\Delta\Delta C_t}$$

3.9. Epidermal-growth-factor-receptor-Immunhistochemie

Für den Nachweis des spezifischen EGFR wurden Aggregate aus verschiedenen Phasen der chondrogenen Differenzierung (Tag 1, 7, 14, 21) fixiert, eingebettet und geschnitten, wie in Punkt

3.8.1. bereits beschrieben. Die Präparate wurden anschließend mit Primärantikörper gegen EGFR auf RT 8-12 h bzw. mit Sekundärantikörper bei RT für 1 h inkubiert. Der biotinylierte Sekundärantikörper (Tab. 3.9.) wurde mit HRP-konjugiertem Streptavidin-Biotin-Komplex und DAB sichtbar gemacht.

Antigen	Primärantikörper	Verdünnung	Sekundärantikörper	Verdünnung
EGFR	Maus monoklonal anti-EGFR IgG1 (GeneTex Inc., Irvine, CA, USA)	1:100	Ziege anti-Maus IgG (Dianova, Hamburg, Deutschland)	1:100 / 1:100

Tabelle 3.9. Für den Nachweis von EGFR verwendete Antikörper

3.10. Phosphokinasen - Proteome Profiler Array

Die Aktivierung der verschiedenen Phosphokinasen durch GPR30-Agonisten wurde in Monolayer-Kultur mit Hilfe von Proteome Profiler™ Array Human Phospho-Kinase-Kit (R&D Systems, Abingdon, UK) getestet. Das Proteome Profiler™ Human Phospho-Kinase-Array ermöglicht die gleichzeitige Analyse von 46 verschiedenen Phosphokinasen.Bei diesem Test sind Primärantiköper („Capture Antibodies") gegen die zu untersuchenden Proteine und Kontroll-Antikörper als Doppelbestimmungen auf 4 Nitrozellulosemembranen gespottet. Nach der Inkubation mit Zelllysaten werden ungebundene Proteine durch Waschschritte entfernt. In den nächsten Schritten erfolgt die Inkubation mit biotinylierten Sekundärantikörpern („Detection Antibodies") und mit Streptavidin-HRP. Die Proteine werden mit Hilfe einer chemielumineszenten Entwicklungslösung auf einem Röntgenfilm visualisiert.

Es wurden pro Ansatz 1,5 Millionen Zellen in jeweils 3 Flaschen ausgesät. Vier verschiedene Ansätze waren nach dem Proteome-Profiler-Array-Protokoll möglich. Die MSCs männlicher Spender adhärierten und proliferierten 24 h. Danach wurde das Proliferationsmedium durch Differenzierungsmedium ersetzt, um die Kulturbedingung dem Differenzierungsmodell anzugleichen. Die 4 verschiedenen Versuchsgruppen (je 3 Zellkulturflaschen) wurden mit Standardmedium (Dexamethasonkontrolle) oder E2 (10^{-8} M) oder ICI 182,780 (10^{-8} M) oder G-1

(10^{-8} M) behandelt. Nach 60 min Inkubation wurde das Medium abgesaugt und durch 1 ml Lysis Puffer pro Falsche für 30 min ersetzt. Die Bestimmung der Proteinkonzentration erfolgte mit der BCA-Methode (Pierce, Rockford, USA). Die im Array eingesetzte Proteinkonzentration betrug 200 µg/ml pro Gruppe. Die nächsten Schritte der Analyse wurden nach dem Proteome Profiler™ Array Human Phospho-Kinase-Kit-Protokoll durchgeführt. Anschließend wurden die Nitrozellulosemembranen mit der ECL-Entwicklungslösung (Pierce, Rockford, USA) entwickelt. Die Proteine erschienen je nach gebundener Menge als unterschiedlich dunkle Spots auf dem Röntgenfilm (Amersham, Freiburg, Deutschland).

Die Auswertung der Spots erfolgte mit dem Scion Image Programm für Windows. Es wurde die Pixelintensität der einzelnen Felder auf der Nitrozellulose-membran gemessen und von der Pixelintensität des Membranhintergrundes abgezogen. Mit Hilfe der im Array Kit enthaltenen Schablone wurden die Koordinaten der einzelnen Proteine ermittelt.

3.11. Analyse der E2-Metaboliten

Es ist bekannt, dass Zellen, z.B. Synoviozyten (Schmidt et al., 2009), E2 in verschiedene Metaboliten umwandeln. In diesem Versuch wurde untersucht, ob die in unserem Modell verwendeten MSCs ebenfalls in der Lage sind, E2-Metabolite während der Chondrogenese zu bilden. Hierzu wurde das Differenzierungsmedium mit verschiedenen Konzentrationen von ^{3}H-markiertem E2 versetzt (PerkinElmer, Rodgau, Deutschland; 15 nM, 45 nM, 90 nM, 180 nM, 375 nM, 750 nM, 1500 nM, 3000 nM) und die nach Standardprotokoll hergestellten Aggregate (3.2.) wurden in diesem Medium bei 37°C, 5% CO_2-Gehalt und in wasserdampfgesättigter Atmosphäre inkubiert (Abb. 3.6.). Nach 24 h erfolgte die Entnahme der Überstände und der Aggregate. Die Überstände wurden eingefroren und bis zur Analyse in flüssigem Stickstoff oder auf Trockeneis gelagert. Die Aggregate wurden anschließend mit Dulbecco's PBS (PAA, Pasching, Österreich) gewaschen und in flüssigem Stickstoff oder auf Trockeneis eingefroren.

Das Auflösen der Aggregate, die Extraktion der Steroide, die Radio-HPLC-Analyse der verschiedenen gebildeten E2-Metaboliten im Überstand und die Quantifikation der gebundenen ^{3}H-E2 durch Szintillationszählung wurden im Rahmen einer Kooperation von Dr. Martin Schmidt in Jena durchgeführt (Abb. 3.6.).

Kapitel 3 *Material und Methoden*

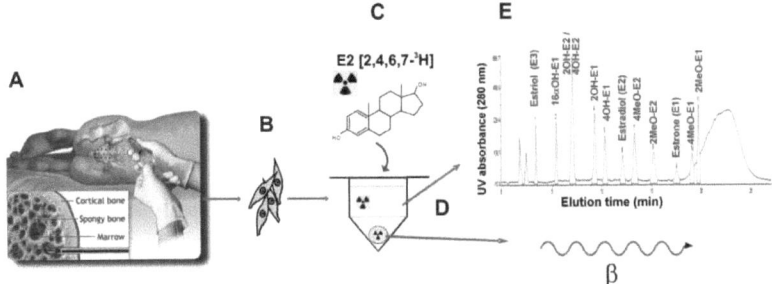

Abb. 3.6. Untersuchung der E2-Konversion in dem Chondrogenese-Modell nach Johnstone und Yoo (1998). **A:** Knochenmarkentnahme **B:** MSC-Expansion **C:** Behandlung der Aggregate mit 3H-markiertem E2 **D:** Separate Entnahme vom Überstand und von den Aggregaten **E:** Probenanalyse mittels Radio-HPLC und Szintillationszählung

3.12. Datenauswertung, Datendarstellung und Statistik

In allen molekularbiologischen Nachweismethoden wurde eine Dreifachbestimmung durchgeführt. Somit erhielt man pro Versuchsgruppe 3 Messpunkte. Aus den jeweils 3 Messpunkten aller acht Spender wurde schließlich der Mittelwert gebildet. Aufgrund der Heterogenität der MSCs und der hohen Donorvariabilität wurden die einzelnen Mittelwerte meist in Prozent angegeben und erst nach dieser Transformation erfolgte der Vergleich der Versuchsgruppen untereinander. Die Diagramme wurden mit der SigmaPlot Software erstellt. In den Box-Plot-Diagrammen wurden die Daten als Boxen (repräsentieren die Daten von der 25. bis zur 75. Perzentile) und zusätzlich als Datenpunkte angegeben, wobei jeder Kreis den Mittelwert aus drei Einzelmessungen eines Spenders darstellt. Die Fehlerbalken zeigen die Standardabweichungen.

Um die Ergebnisse auf Signifikanz zu prüfen, wurden die in Prozent angegebenen Mittelwerte mit Hilfe der Software SigmaStat 3.1 jeweils paarweise in einem Mann-Whitney-U-Test analysiert. Mittelwerte, die als Absolutwert angegeben waren, wurden mittels t-Test miteinander verglichen. Die Unterschiede galten als signifikant ab einem Signifikanzniveau $p \leq 0{,}05$.

4. Ergebnisse

4.1. Sexualhormonrezeptoren

Die Voraussetzung für die Wirkung von Sexualhormonen ist die Präsenz von spezifischen Hormonrezeptoren, die in den Aggregaten zu jedem Zeitpunkt der chondrogenen Differenzierung mittels Immunhistochemie nachgewiesen werden konnten.

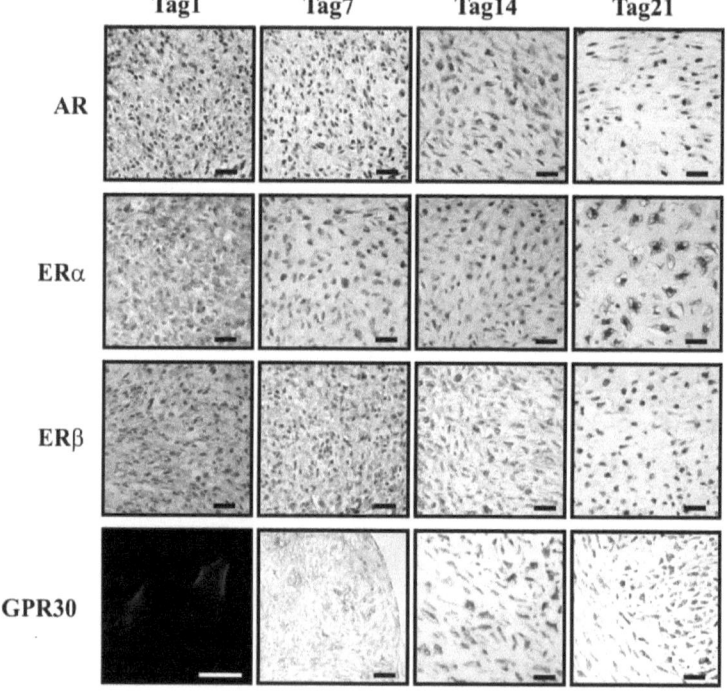

Abb. 4. 1. Nachweis der klassischen Hormonrezeptoren (AR, ERα/β) und des membranständigen Estrogenrezeptors GPR30 mittels Immunhistochemie bzw. Immunfluoreszenz (Maßeinheit 100 μm).

Sowohl die Androgen-Rezeptoren, über die DHEA und Testosteron ihre Wirkung entfalten können, als auch die intrazellulären, klassischen (ER α/β) und membran-assoziierten (GPR30) Rezeptoren für Estradiol waren präsent in den chondrogen differenzierenden mesenchymalen Stammzellen in jeder Phase der Differenzierung, am Tag 1, 7, 14 und 21 (Abb. 4.1).

4.2. Sexualhormone im Proliferationsmedium

Die Prüfung des im Proliferationsmedium befindlichen Serums auf Sexualhormone in der Abteilung für Klinische Chemie am Universitätsklinikum Regensburg ergab, dass die DHEA- und die E2-Konzentrationen unter der Nachweisgrenze ($< 4 \cdot 10^{-11}$ M) liegen. Testosteron konnte im Serum nachgewiesen werden in der Konzentration von 10^{-12} M.

4.3. Einfluss von DHEA, T und E2 in der Proliferationsphase

Einfluss von DHEA, T und E2 auf Zellzahl und Vitalität

Um die Auswirkung von DHEA-, T- und E2-Zugabe auf die Proliferation von nativen MSCs (s. Abschnitt 3.5.) prüfen zu können, wurden der bereits beschriebene (Borra et al. 2009) Resazurin-Test und die Zellauszählungs-Methode in der Neubauer-Zählkammer verwendet.

Der Resazurin-Test ergab, dass die metabolische Aktivität der MSCs mit voranschreitender Proliferation, also mit der Zahl der Zellverdopplungen ansteigt. Jedoch verlief die Proliferation der MSCs verschiedener Spender unterschiedlich (Abb. 4.2.). Während die MSCs von Spender 1 eine (noch) exponentielle Wachstumskurve zeigten, befanden sich die MSCs von Spender 2 bereits nach 3 Wochen Proliferation auf dem Plateau. Die MSCs von Spender 3 dagegen zeigten eine für die Zellproliferation charakteristische, sigmoide Wachstumskurve (Abb. 4.2.). Allerdings ergab sich, wenn das Proliferationsverhalten aller 8 getesteten Patienten zusammengefasst wurde, ein annähernd sigmoides Zellwachstumsbild, wie aus Abb. 4.3. A zu entnehmen ist. Es konnten keine Unterschiede nach Behandlung mit DHEA, T oder E2 im Vergleich zur Kontrolle festgestellt werden (Abb. 4.3. A). Die metabolische Aktivität der hormonbehandelten Gruppen untereinander variierte nicht. Die Auszählung der MSCs mit Hilfe der Neubauer-Zählkammer bestätigte diese

Beobachtung. Die Zellzahl der behandelten Gruppen wich von der Zellzahl der Kontrollgruppe nicht ab (Abb. 4.3. B).

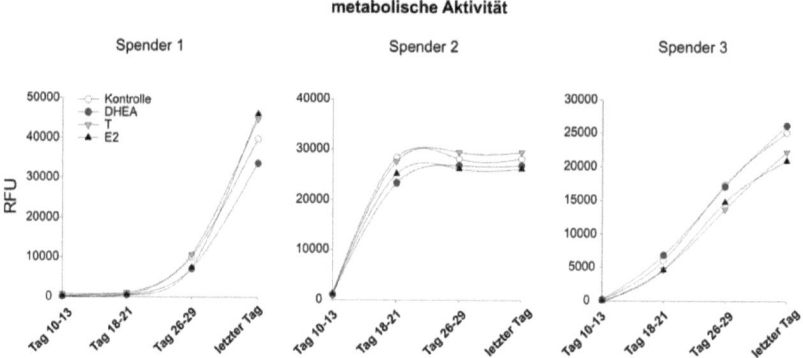

Abb. 4. 2. Fluorimetrische Quantifizierung der metabolischen Aktivität von MSCs verschiedener Spender während der Proliferation mittels Resazurin-Assay (RFU=relative fluorescence unit)

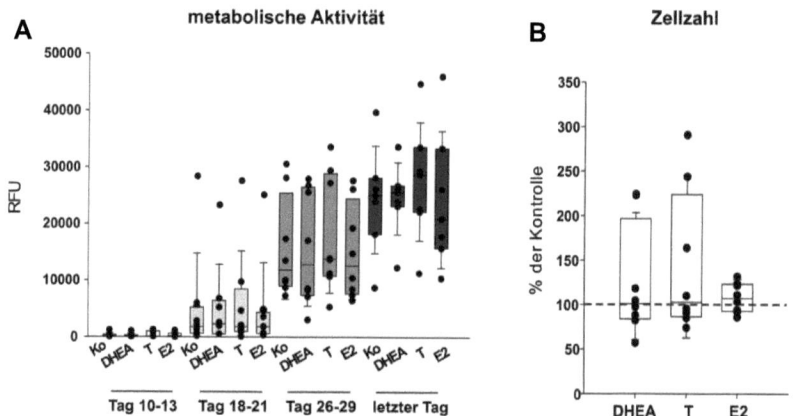

Abb. 4. 3. Manipulation der MSC-Proliferation durch Steroidhormone. **A,** Fluorimetrische Quantifizierung der metabolischen Aktivität von MSCs während der Proliferation mittels Resazurin-Assay **B,** Zellzahl der einzelnen Gruppen am letzten Tag der Proliferationsphase (Werte sind als % der Kontrolle dargestellt, wobei die Zellzahl der Kontrolle als 100% definiert wurde.)

Einfluss von DHEA, T und E2 auf die Chondrogenese

Die während der Proliferationsphase mit Steroidhormonen behandelten MSCs wurden in die 3-dimensionale Aggregatkultur überführt und durchliefen die chondrogene Differenzierung ohne Steroidhormonapplikation. Die Analyse der Aggregate mittels Kollagen-II-ELISA ergab, dass die Steroidhormonbehandlung während der Proliferation keinen Einfluss auf die Synthese von Kollagen II während der Differenzierung hatte. Auch die dsDNA-Konzentration wurde durch Hormonzugabe nicht beeinflusst (Abb. 4.4.).

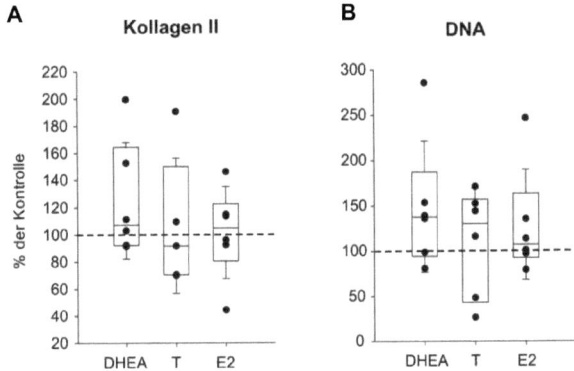

Abb. 4. 4. Manipulation der MSC-Chondrogenese durch in der Proliferationsphase applizierte Steroidhormone. **A,** Quantifizierung des synthetisierten Kollagen II mittels ELISA (Werte sind als % der Kontrolle dargestellt, wobei die Kollagen-Konzentration der Kontrolle [(µg/ml)/(µg/ml)] als 100% definiert wurde.) **B,** Biochemische Quantifizierung von dsDNA (Werte sind als % der Kontrolle dargestellt, wobei die DNA-Konzentration der Kontrolle [µg/ml] als 100% definiert wurde.)

4.4. Einfluss von Steroidhormonen auf die Chondrogenese

4.4.1. Einfluss von Dexamethason und Sexualhormonen

In diesem Vorversuch wurde die Notwendigkeit der Dexamethasonzugabe während der Differenzierung unter dem Einfluss von Sexualhormonen getestet. Die makroskopische Auswertung zeigte, dass Aggregate ohne Dexamethason deutlich kleiner waren (Abb. 4.5.) und weniger sGAGs bildeten als Aggregate, die neben DHEA, T und E2 auch Dexamethason erhielten.

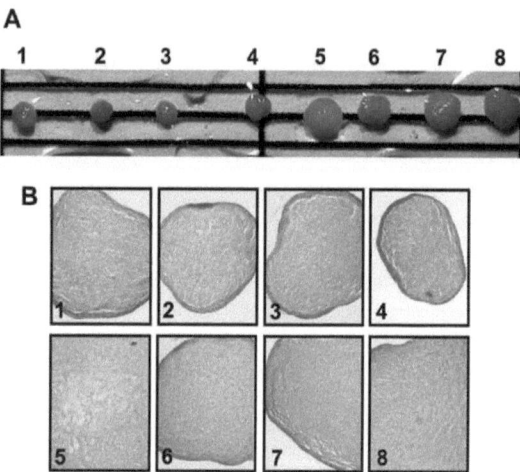

Abb. 4. 5. Manipulation der MSC-Chondrogenese durch Steroidhormone I (Gruppen: 1: ohne Steroid, 2: DHEA 3: T, 4: E2, 5: Dex, 6: Dex+DHEA, 7: Dex+T, 8: Dex+E2). **A,** Makroskopische Aufnahme von MSC-Aggregaten (Abstand zwischen horizontalen schwarzen Linien: 1 mm) **B,** DMMB-Färbung der verschieden behandelten MSC-Aggregate.

Die biochemische Analyse der Aggregate bestätigte die makroskopischen und histologischen Befunde. Die quantitative PCR-Untersuchung ergab, dass Aggregate ganz ohne Dexamethason und Steroidhormon nur eine niedrige Kollagen-II-Genexpression zeigten genauso wie die DHEA-, T- oder E2-behandelten Gruppen ohne Dexamethason (Abb. 4.6. A). Dagegen erhöhte sich die Expression des Kollagen-II-Gens bei jeder Versuchsgruppe signifikant, wenn Dexamethason hinzugefügt wurde (Abb. 4.6. A).

Ein ähnliches Muster konnte man bei der Analyse der Aggregate mittels ELISA beobachten. Alle Gruppen ohne Dexamethasonbehandlung synthetisierten wenig Kollagen-II-Protein im Gegensatz zu Aggregaten, die Dexamethason erhielten. Die Steigerung der Kollagen-II-Synthese war zwischen den Gruppen Steroidhormon-unbehandelt und Ddexamethasonbehandelt bzw. DHEA-behandelt und DHEA+dexamethasonbehandelt signifikant (Abb. 4.6.B).

Im Gegensatz zu Dexamethason sind die Sexualhormone allein nicht in der Lage, die Chondrogenese gleicherweise zu fördern. Daher wird in den folgenden Versuchen die Versuchsgruppe mit Dexamethasonbehandlung als Standardgruppe definiert.

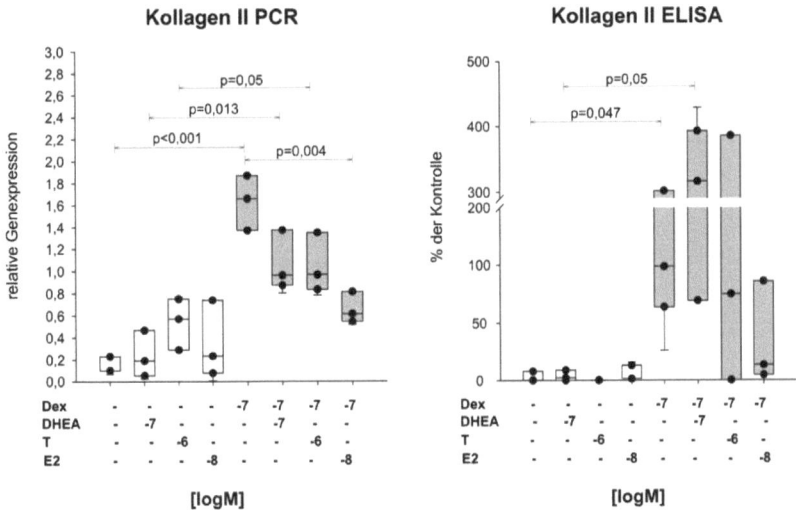

Abb. 4. 6. Manipulation der MSC-Chondrogenese durch Steroidhormone II. **A,** Analyse der Kollagen-II-Genexpression mittels PCR **B,** Quantifizierung von Kollagen Typ mittels ELISA (Werte sind als % der Kontrolle dargestellt, wobei die Kollagen-Konzentration der Kontrolle [[(µg/ml)/(µg/ml)] als 100% definiert wurde.)

4.4.2. Dosisabhängiger Einfluss von Sexualhormonen

Um den Einfluss des weiblichen Sexualhormons, E2, des männlichen Sexualhormons, T und deren Vorstufe DHEA auf die Chondrogenese zu prüfen, wurden diese drei Hormone in zwei verschiedenen Konzentrationen, in der niedrigsten und höchsten physiologischen Konzentration, währen der gesamten chondrogenen Differenzierung additiv zum Differenzierungsmedium zu den Zellen gegeben. In diesem Versuch wurde zusätzlich eine Gruppe mitgeführt, die gar keine Hormone, also auch kein Dexamethason, erhielt. Nach 21 Tagen Chondrogenese konnte man makroskopisch kleinere Aggregate beobachten nach E2-Zugabe, während die DHEA- und T-Behandlung die Größe der Aggregate im Vergleich zur Dexamethason-Kontrolle nicht beeinflusste

(Abb. 4.7. A). Dementsprechend zeigten das immunhistologische Bild der Kollagen-II-Deposition und die histologische Anfärbung der sulphatierten Glykosaminoglykane, dass die E2-behandelten Aggregate weniger knorpeltypische extrazelluläre Matrix bildeten als die Kontrollgruppe oder die DHEA- oder T-inkubierten Gruppen (Abb. 4.7. A).

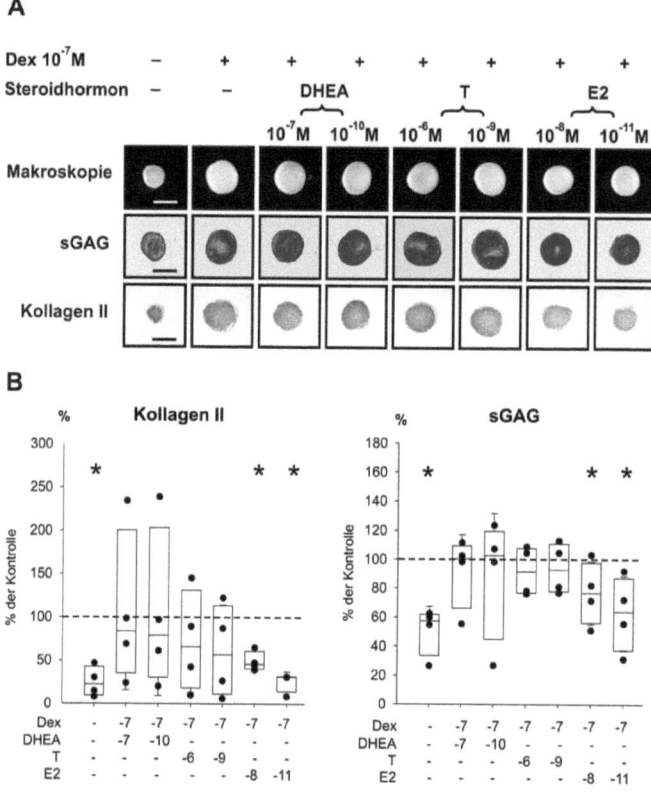

Abb. 4. 7. Manipulation der MSC-Chondrogenese durch Sexualhormone. **A,** Makroskopische, histologische und immunhistochemische Beurteilung der Chondrogenese-Qualität von MSC-Aggregaten **B,** Biochemische Quantifizierung von Kollagen Typ II und sGAGs (Werte sind als % der Kontrolle dargestellt, wobei die Kollagen- und sGAG-Konzentration der Kontrolle [(μg/ml)/(μg/ml)] als 100% definiert wurde.)

Dies spiegelte sich in den quantitativen Analysen ebenfalls wider. Aggregate, die während der chondrogenen Differenzierung E2 ausgesetzt waren, synthetisierten signifikant weniger Kollagen II (10^{-11} M p=0,029, 10^{-8} M p=0,029) oder sGAGs (10^{-11} M p=0,029, 10^{-8} M p=0,343 n.s.) als die Kontrolle oder die DHEA- oder T-behandelten Aggregate (Abb. 4.7. B). Wie von früheren Arbeiten bekannt (s. Abschnitt 4.3.), differenzierten die Aggregate ohne Dexamethason-Zugabe schlecht im Vergleich zur Kontrolle und zu allen anderen Gruppen (Abb. 4. 7. B; Kollagen II p=0,029, sGAG p=0,029). Es waren jedoch keine Unterschiede im Zeitverlauf der Chondrogenese zu beobachten, d.h. die Bildung von knorpelspezifischen ECM-Bestandteilen setzte gleichzeitig ein und entwickelte sich in allen Gruppen kontinuierlich. Der DNA-Gehalt der Aggregate zeigte keine Unterschiede zwischen den verschieden behandelten und der Kontrollgruppe (nicht gezeigt).

4.5. E2 Dosis-Wirkungs-Beziehung

4.5.1. E2 Dosis-Wirkung auf MSCs männlicher Spender

Aufgrund der oben geschilderten Ergebnisse, die zeigten, dass allein E2 die chondrogene Differenzierung beeinflusste, fokussierten die nächsten Versuche ausschließlich auf die Wirkung von E2. Um die Dosis-Wirkungs-Beziehung von E2 und damit die meistwirksame E2-Konzentration zu ermitteln, wurden verschiedene physiologische Konzentrationen von E2 im bereits beschriebenen Aggregatmodell eingesetzt.

Makroskopisch konnten ausschließlich bei den mit 10^{-8} M E2 behandelten Aggregaten Unterschiede im Vergleich zur Kontrolle beobachtet werden, Diese Aggregate waren kleiner und synthetisierten weniger sGAGs und Kollagen II (Abb. 4.8. A). Histologisch und immunhistochemisch zeigten dagegen alle E2-Konzentrationen eine hemmende Wirkung auf die ECM-Deposition (Abb. 4.8. A). Die biochemische Analyse ergab, dass E2 in der 10^{-8} M Konzentration die chondrogene Differenzierung signifikant hemmt (Kollagen II-Synthese: p<0,001, sGAG-Synthese: p=0,026) im Vergleich zur Kontrollgruppe, während die anderen, niedrigeren E2-Konzentrationen keine oder nur nicht signifikante, leicht hemmende Effekte auf die knorpeltypische ECM-Synthese hatten (Abb. 4.8. B). Der DNA-Gehalt der Aggregate zeigte keine Unterschiede zwischen den E2-behandelten und den Kontrollaggregaten (Abb. 4.8. B).

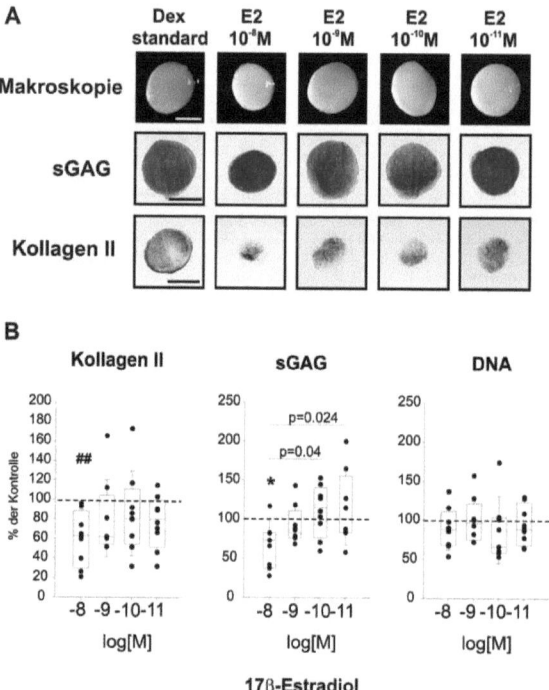

Abb. 4. 8. E2-Dosis-Wirkungs-Beziehung während der Chondrogenese von MSCs männlicher Spender **A,** Makroskopische, histologische und immunhistochemische Beurteilung der Chondrogenese-Qualität von MSC-Aggregaten nach E2-Behandlung **B,** Biochemische Quantifizierung von Kollagen Typ II, sGAGs und dsDNA. (Werte sind als % der Kontrolle dargestellt, wobei die Kollagen- und sGAG-Konzentration der Kontrolle [(µg/ml)/(µg/ml)] bzw. die DNA-Konzentration der Kontrolle [µg/ml] als 100% definiert wurde.)

4.5.2. E2 Dosis-Wirkung auf MSCs weiblicher Spender

Da die MSCs weiblicher Patienten aufgrund im Körper vorherrschender Hormonschwankungen möglicherweise anders auf die Steroidhormonbehandlung *in vitro* reagieren, wurde die Dosis-Wirkung von E2 auf MSCs weiblicher Spender getestet.

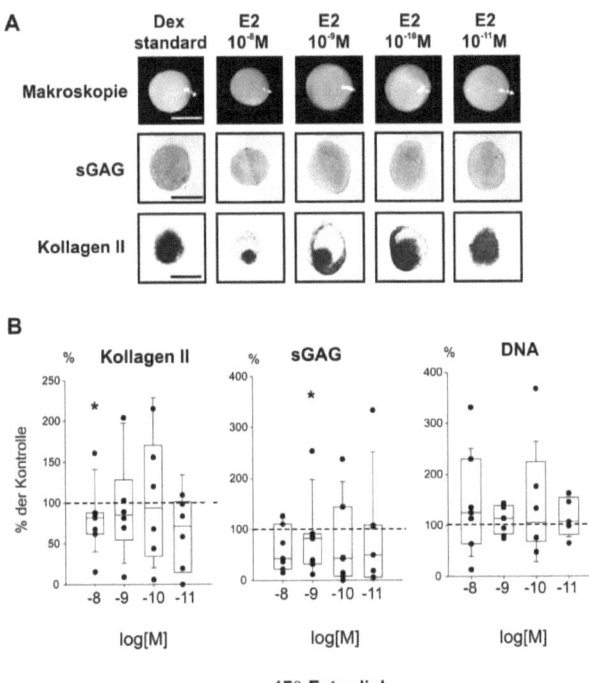

Abb. 4. 9. E2-Dosis-Wirkungs-Beziehung während der Chondrogenese von MSCs weiblicher Spender **A,** Makroskopische, histologische und immunhistochemische Beurteilung der Chondrogenese-Qualität von MSC-Aggregaten nach E2-Behandlung **B,** Biochemische Quantifizierung von Kollagen Typ II, sGAGs und dsDNA (Werte sind als % der Kontrolle dargestellt, wobei die Kollagen- und sGAG-Konzentration der Kontrolle [(µg/ml)/(µg/ml)] bzw. die DNA-Konzentration der Kontrolle [µg/ml] als 100% definiert wurde.).

Die makroskopische Auswertung zeigte, ähnlich wie bei MSCs männlicher Spender, dass die mit hoher E2-Konzentration behandelten Aggregate kleiner waren als die Kontrollaggregate oder Aggregate, die mit niedrigeren E2-Konzentrationen behandelt wurden (Abb. 4.9. A). Auch die histologische und immunhistochemische Untersuchung lieferte ein ähnliches Bild wie bei MSCs männlicher Spender: Die Behandlung mit 10^{-8} M E2 verursachte eine deutlich unterdrückte sGAG und Kollagen-Typ-II-Deposition im Vergleich zur E2-unbehandelten Kontrolle. Die mit niedrigeren E2-Konzentrationen behandelten Gruppen zeigten ebenfalls eine schwächere Färbung der GAGs

oder des Kollagen Typ II, jedoch nicht in dem Maße wie die Gruppe mit 10^{-8} M E2-Behandlung (Abb. 4.9. A).
Der quantitative Nachweis von Kollagen Typ II mittels ELISA bestätigte die immunhistochemischen Ergebnisse. Nach Zugabe von 10^{-8} M E2 synthetisierten die Aggregate signifikant weniger Kollagen Typ II (p=0,039), während die Behandlung mit höheren E2-Konzentrationen keine signifikante Hemmung der Kollagen-Typ-II-Synthese zeigte. Die sGAG-Deposition war dagegen nur nach Zugabe von 10^{-9} M E2 signifikant reduziert im Vergleich zur Kontrolle (p=0,046; Abb. 4.9. B). Der DNA-Gehalt der Aggregate variierte nicht zwischen den einzelnen Gruppen (Abb.4.9. B). Auffällig war im Vergleich zu den MSCs männlicher Spender, dass die Ergebnisse der MSCs weiblicher Spender stärker streuen.

4.6. Sequenzielle E2-Wirkung

Um die E2-empfindliche Phase während der chondrogenen Differenzierung bestimmen zu können, wurden die Aggregate sequenziell mit E2 behandelt. Sowohl die makroskopischen Aufnahmen als auch die DMMB- und Kollagen-II-Färbungen zeigten, dass die Aggregate, die von Tag 0 an (Tag 0-7, Tag 0-21) mit E2 behandelt wurden, am wenigsten ECM im Vergleich zur Dexamethason-Kontrolle bildeten. Dagegen waren Aggregate, die nach Tag 7 erst E2 erhielten (Tag 7-14, Tag 14-21) gleich groß und gleich stark angefärbt wie die Kontrollgruppe (Abb. 4.10. A). Die molekularbiologische Analyse bestätigte dieses Muster: E2 hemmte die Synthese von ECM-Bestandteilen (Kollagen II p=0,039, sGAG p=0,011) signifikant, wenn es von Tag 0 bis 7 der chondrogenen Differenzierung appliziert wurde. Das gleiche Phänomen wurde bei der Zugabe von E2 in dem bekannten Zeitraum, von Tag 0 bis 21, beobachtet (Kollagen II p=0,011, sGAG p=0,02). Außerdem konnte man nach E2-Zugabe von Tag 7 bis Tag 14 ebenfalls eine signifikante Hemmung der sGAG-Synthese beobachten (Abb. 4.10. B; p=0,02). In diesen Versuchen wurden die MSCs von jeweils 8 Spendern eingesetzt.

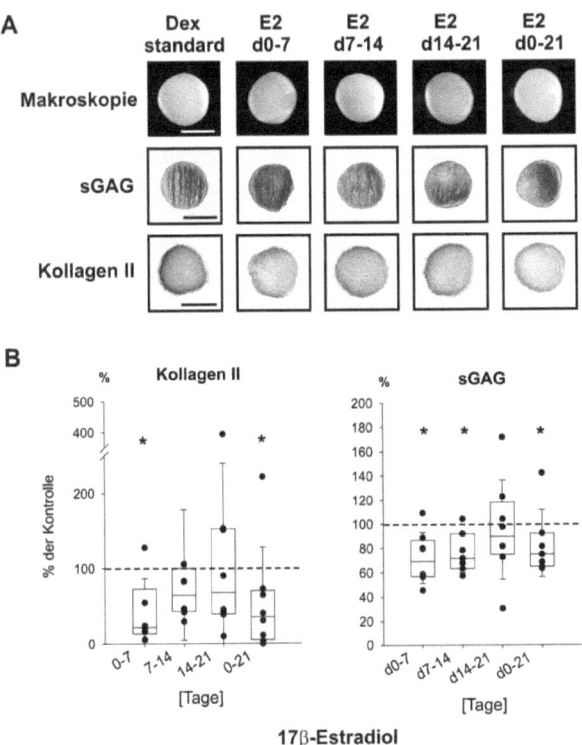

Abb. 4. 10. Der Einfluss von E2 auf die Synthese von Kollagen Typ II und sGAGs in Abhängigkeit des Behandlungszeitraums während der MSC-Chondrogenese (Werte sind als % der Kontrolle dargestellt, wobei die Kollagen- und sGAG-Konzentration der Kontrolle [(µg/ml)/(µg/ml)] als 100% definiert wurde.).

4.7. Blockierung der klassischen Estrogenrezeptoren

Die Zugabe vom spezifischen Antagonisten des klassischen E2-Signalweges (über ER α/β), ICI 182.780, sollte die hemmende Wirkung von E2 auf die Chondrogenese aufheben, falls diese Wirkung tatsächlich durch ER α/β vermittelt wird. Um diese Reversion der Hemmung zu erreichen, wurde ICI 182.780 zusätzlich zu E2 dem Differenzierungsmedium beigemengt. Ein weiterer Kontrollansatz enthielt ausschließlich ICI 182.780.

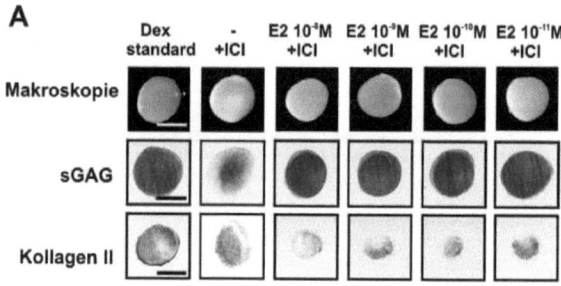

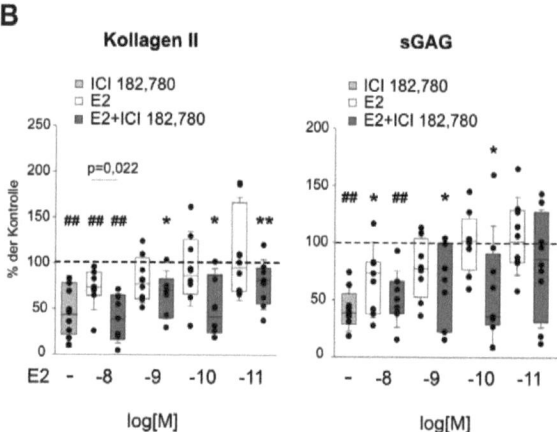

Abb. 4. 11. Blockierung der klassichen, intrazellulären Estrogenrezeptoren (ERα/β) durch ICI 182,780. **A,** Makroskopische, histologische und immunhistochemische Beurteilung der Chondrogenese-Qualität von MSC-Aggregaten nach E2-Behandlung mit oder ohne ICI 182,780. **B,** Biochemische Quantifizierung von Kollagen Typ II und sGAGs nach E2-Behandlung mit oder ohne ICI 182,780 (Werte sind als % der Kontrolle dargestellt, wobei die Kollagen- und sGAG-Konzentration der Kontrolle [(µg/ml)/(µg/ml)] als 100% definiert wurde.).

Es konnten makroskopisch keine Unterschiede in der Größe der verschieden behandelten Aggregate festgestellt werden. Es war jedoch histologisch und immunhistochemisch eindeutig zu beobachten, dass die zusätzliche Zugabe von ICI 182.780 die Qualität der Chondrogenese gegenüber der E2-

Behandlung nicht erhöhte (4.11. A). Vielmehr war die Hemmung der Differenzierung verstärkt, wie es die quantitativen Analysen ergaben. Die Koinkubation von E2 mit ICI 182.780 bewirkte bei jeder E2-Konzentration eine signifikante Unterdrückung der Chondrogenese im Falle von Kollagen II im Vergleich zur Kontrolle (Abb. 4.11. B.). Mit Ausnahme von 10^{-11} M E2-Konzentration spiegelte sich diese signifikante Hemmung auch in der sGAG-Synthese wider (Abb. 4.11. B). Die zusätzliche Hemmung durch ICI 182.780 gegenüber E2 alleine war nur in einem einzigen Fall signifikant: bei der Messung der Kollagen II-Synthese nach 10^{-8} M E2+ICI 182.780-Behandlung. Die allein mit ICI 182.780 behandelte Gruppe zeigte ebenfalls eine signifikant niedrigere ECM-Synthese als die Kontrolle (Abb. 4.11. B). Der DNA-Gehalt der Aggregate variierte nicht zwischen den einzelnen Gruppen (nicht gezeigt).

4.8. Einfluss von E2-BSA

Um die klassischen, intrazellulären Rezeptoren, ER α/β, aus den möglichen E2-Wirkungen auszuschließen, wurde das membranimpermeable Konjugat E2-BSA in verschiedenen Konzentrationen verwendet. Nach E2-BSA-Behandlung waren keine makroskopischen Unterschiede zu sehen im Vergleich zur Kontrolle. Die histologische und immunhistochemische Detektion der sGAGs bzw. des Kollagen Typ II zeigte jedoch eine gehemmte Chondrogenese nach E2-BSA-Addition. Die Anfärbung der extrazellulären Matrix war bei der 10^{-8} M E2-BSA-Konzentration am schwächsten (Abb. 4.12. A). Die quantitative Analyse des Kollagen II-Gehalts mittels ELISA ergab, dass E2-BSA die chondrogene Differenzierung stärker unterdrückte als E2. Im Vergleich zu der Kontrolle war diese Hemmung bei den E2-BSA-Konzentrationen 10^{-8} M und 10^{-9} M signifikant (Kollagen II 10^{-9} M p=0,003, 10^{-8} M p=0,001) und im Vergleich zur E2-Behandlung bei der 10^{-8} M Konzentration signifikant (p=0,035). Bei der Messung der sGAGs zeigte sich ein ähnliches Muster, die Hemmung war jedoch nur in der 10^{-8} M E2-BSA Konzentration signifikant (p=0,01) im Vergleich zur Kontrolle und in keiner E2-BSA Konzentration signifikant im Vergleich zur E2-Behandlung (Abb. 4.12. B). Der DNA-Gehalt der Aggregate zeigte keine Unterschiede zwischen den E2-, E2-BSA-behandelten und den Kontrollaggregaten (nicht gezeigt).

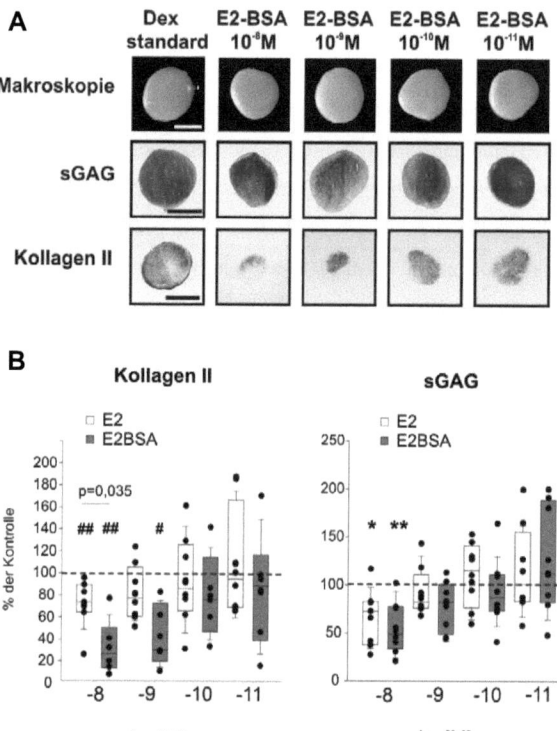

Abb. 4. 12. Stimulierung von membranständigen E2-Rezeptoren durch E2-BSA **A**, Makroskopische, histologische und immunhistochemische Beurteilung der Chondrogenese-Qualität von MSC-Aggregaten nach E2- bzw. E2-BSA Behandlung. **B**, Biochemische Quantifizierung von Kollagen Typ II und sGAGs nach E2- bzw. E2-BSA-Behandlung (Werte sind als % der Kontrolle dargestellt, wobei die Kollagen- und sGAG-Konzentration der Kontrolle [(µg/ml)/(µg/ml)] als 100% definiert wurde.).

4.9. Sequenzielle E2-BSA-Behandlung

Anders als E2 zeigte das membrane-impermeable Konstrukt E2-BSA (10^{-8} M) kein zeitabhängiges Muster in seiner chondrogenese-hemmenden Wirkung. Die E2-BSA-Zugabe ergab zu jedem

Zeitpunkt und bei jeder Applikationsdauer kleinere Aggregate und eine schwächere ECM-Färbung als die Kontrolle (Abb. 4.13. A).

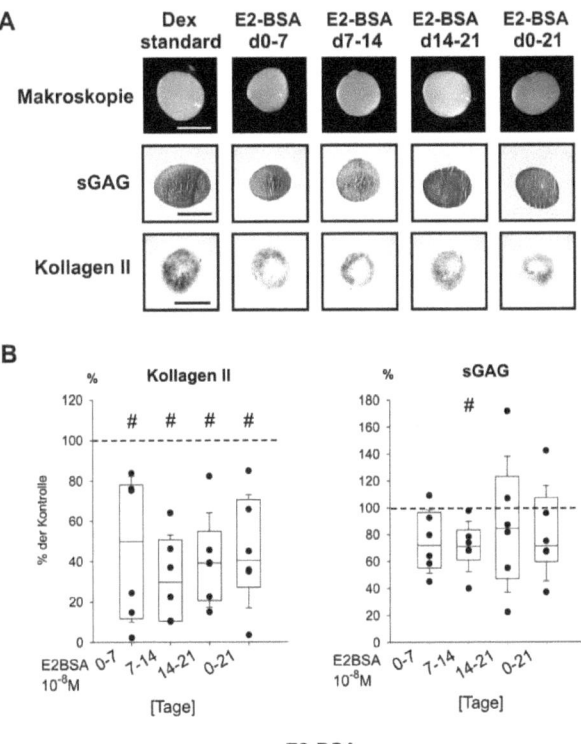

Abb. 4. 13. Der Einfluss von E2-BSA auf die Synthese von Kollagen Typ II und sGAGs in Abhängigkeit des Behandlungszeitraums während der MSC-Chondrogenese (Werte sind als % der Kontrolle dargestellt, wobei die Kollagen- und sGAG-Konzentration der Kontrolle [(µg/ml)/(µg/ml)] als 100% definiert wurde.).

Die quantitative Analyse der Kollagen-II-Synthese bestätigte signifikant die makroskopischen und histologischen Ergebnisse (Kollagen II: Tag 0-7 p=0,002, Tag 7-14 p=0,002, Tag 14-21 p=0,002, Tag 0-21 p=0,002), wogegen die sGAG-Deposition, der E2-Wirkung ähnlich, in der Anfangsphase der Differenzierung stärker gehemmt wurde; jedoch waren die Werte lediglich bei der Behandlung von Tag 7 bis 14 signifikant (Abb. 4.13. B, sGAG: Tag 0-7 p=0,051 n.s., Tag 7-14 p=0,001, Tag 0-21 p=0,051 n.s.). In diesen Versuchen wurden die MSCs von jeweils 6 Spendern eingesetzt.

4.10. Stimulierung und Blockierung von GPR30

GPR30-vermittelte Effekte auf die ECM-Produktion

Um die Rolle des 7-transmembran-Rezeptors GPR30 in der Hemmung der chondrogenen Differenzierung zu analysieren wurde neben E2, ein spezifischer GPR30-Agonist, G-1, und ein spezifischer GPR30-Antagonist, G15, eingesetzt.

Makroskopisch waren keine Unterschiede sichtbar zwischen den verschieden behandelten Gruppen und der Kontrolle (Abb. 4.14. A). Dagegen zeigte die Anfärbung der sGAGs und des Kollagen II, dass E2 und der spezifische GPR30-Agonist G-1 die Bildung von knorpelspezifischer ECM im Vergleich zur Kontrolle unterdrückten. Der spezifische Antagonist des GPR30, G15, hatte keinen Effekt auf die ECM-Deposition, konnte aber den negativen Einfluss von E2 oder G-1 aufheben (Abb. 4.14. A). Der quantitative Nachweis von sGAGs und Kollagen II bestätigte die histologischen und immunhistochemischen Ergebnisse: Im Falle von Kollagen II wirkten E2 und G-1 signifikant hemmend auf die Chondrogenese im Vergleich zur Kontrolle (E2 $p<0,001$, G-1 $p<0,001$), G15 allein hatte keinen Einfluss, hob jedoch die hemmende Wirkung von E2 oder G-1 signifikant auf (Abb. 4.14. B; E2 - E2+G15 p=0,05, G-1 - G-1+G15 p=0,005). Das gleiche Muster zeigte sich ebenfalls bei der sGAG-Synthese, allein die G15-vermittelte Reversion der Hemmung durch G-1 war nicht signifikant (Abb. 4.14. B; E2 p=0,01, G-1 $p<0,001$, E2 - E2+G15 p=0,021, G-1 - G-1+G15 p=0,532 n.s.).

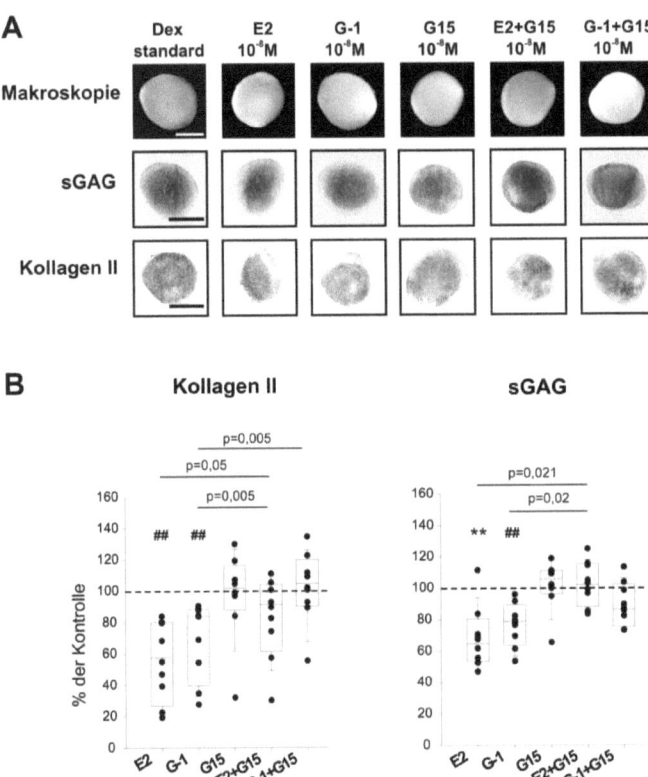

Abb. 4. 14. Stimulierung und Blockierung von GPR30 durch spezifischen Agonisten (G-1) bzw. Antagonisten (G15) während der MSC-Chondrogenese **A,** Makroskopische, histologische und immunhistochemische Beurteilung der Chondrogenese-Qualität von MSC-Aggregaten nach GPR30-Aktivierung bzw. -Blockierung **B,** Biochemische Quantifizierung von Kollagen Typ II und sGAGs nach Behandlung mit GPR30-Agonisten bzw. –Antagonisten (Werte sind als % der Kontrolle dargestellt, wobei die Kollagen- und sGAG-Konzentration der Kontrolle [(µg/ml)/(µg/ml)] als 100% definiert wurde.).

GPR30-vermittelte Effekte auf die CD-RAP-Proteinexpression

Ergänzend wurde die Konzentration von MIA-Protein/CD-RAP in Zellkulturüberständen gemessen. Die Ausgangskonzentration von CD-RAP war in allen Versuchsgruppen gleich (Abb. 4.15. A, B). Im Überstand der Kontrollgruppe konnte ein schnellerer Anstieg der CD-RAP-Konzentration beobachtet werden im Vergleich zu allen anderen Versuchsgruppen. Dieser Effekt blieb bis Tag 14 der Differenzierung bestehen (Abb. 4.15. A, B). Die Analyse der Tag-21-Überstände zeigte schließlich deutliche Unterschiede zwischen den Gruppen, die dem Muster der chondrogenen Marker (Kollagen Typ II oder sGAG) sehr ähneln: Im Vergleich zur Kontrollgruppe verursachte die E2- bzw. G-1-Behandlung eine unterdrückte CD-RAP-Expression. Während G15 allein keinen Effekt zeigte, wurden die hemmenden Effekte von E2 oder G-1 durch G15 aufgehoben (Abb. 4.15. A, B).

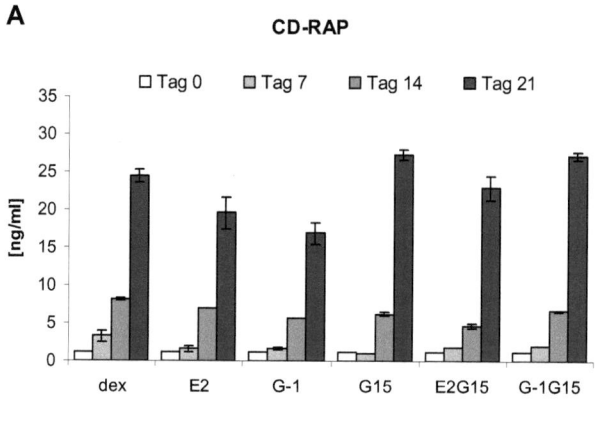

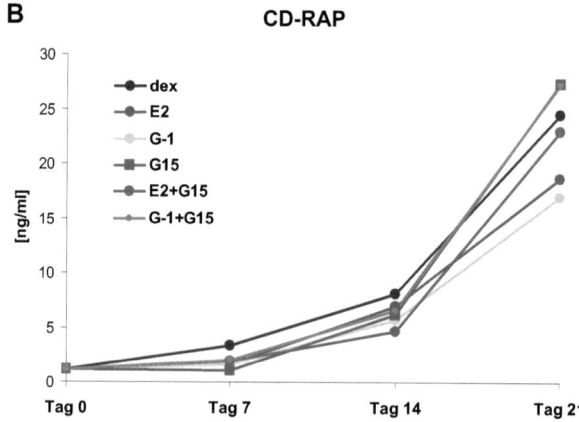

Abb. 4. 15. Expression des CD-RAP während der MSC-Chondrogenese unter dem Einfluss von GPR30-Agonisten und -Antagonisten. **A,** Darstellung der CD-RAP-Expression nach Behandlungsart **B,** Darstellung der CD-RAP-Expression nach Zeitverlauf

GPR30-vermittelte Effekte auf die Hypertrophie

Um den Einfluss von E2 bzw. GPR30-Agonisten oder -Antagonisten auf die faserknorpelspezifische Genexpression bzw. auf die chondrogenese-begleitende Hypertrophie zu prüfen, wurde die Expression von verschiedenen Markern (Kollagen I, Kollagen X, MMP13) mittels qPCR bestimmt. Diese Untersuchung lieferte im Falle von Kollagen X und MMP13 genau ein spiegelverkehrtes Bild zu den Ergebnissen der sGAG- und Kollagen II-Messung: E2 und G-1 erhöhten leicht die Expression von Kollagen X (E2 p=1,00 n.s., G-1 p=0,029) und signifikant die Expression von MMP13 (E2 p=0,029, G-1 p=0,029) im Vergleich zur Kontrollgruppe (Abb. 4.16.). G15 beeinflusste die Expression dieser Marker nicht, konnte aber die Kollagen X- und MMP13-Expression wieder teils signifikant auf Kontrollniveau herunterregulieren (Abb. 4.16.; Kollagen X: E2 - E2+G15 p=0,029, G-1 - G-1+G15 p=0,057 n.s.; MMP13: E2 - E2+G15 p=0,029, G-1 - G-1+G15 p=0,057 n.s.). Dagegen zeigten sich nach den jeweiligen Behandlungen keine Unterschiede in der Expression des Typ-I-Kollagen-Gens (nicht gezeigt).

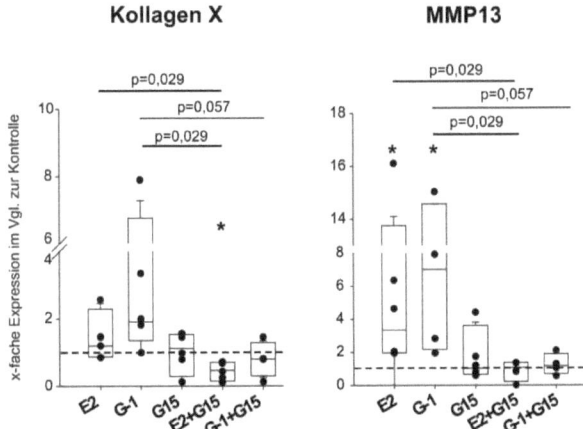

Abb. 4. 16. GPR30-vermittelte Effekte auf die Genexpression von Hypertrophiemarkern (Werte sind als x-fache Expression der Kontrolle dargestellt, wobei die Typ-X-Kollagen- bzw. MMP13-Expression der Kontrolle am Tag 21 als 1 definiert wurde.).

Um den Verlauf der Chondrogenese bzw. das Einsetzen der Hypertrophie im Zeitverlauf analysieren zu können, wurde die Genexpression von Sox9 mittels PCR untersucht. Die Genexpression von Sox9 war am Anfang der Differenzierung in allen Versuchsgruppen gleich und bis Tag 7 waren keine nennenswerten Unterschiede festzustellen zwischen den einzelnen Gruppen (Abb. 4.17., Abb. 4.18). Am Tag 14 konnte man eine erhöhte Sox9-Expression beobachten bei den E2- bzw. G-1-behandelten Gruppen im Vergleich zur Kontrolle (Abb. 4.17., Abb. 4.18). Im Gegensatz zum kontinuierlichen Anstieg bei allen Versuchsgruppen wurde die Sox9-Expression bis zum Tag 21 herunterreguliert.

Bei den E2- bzw. G-1-behandelten Gruppen war diese Herunterregulierung sehr stark: Die Genexpression von Sox9 sank sogar unter Tag-7-Niveau (Abb. 4.17., Abb. 4.18). Die niedrige Stichprobenanzahl (n=3) erlaubte keine statistische Auswertung.

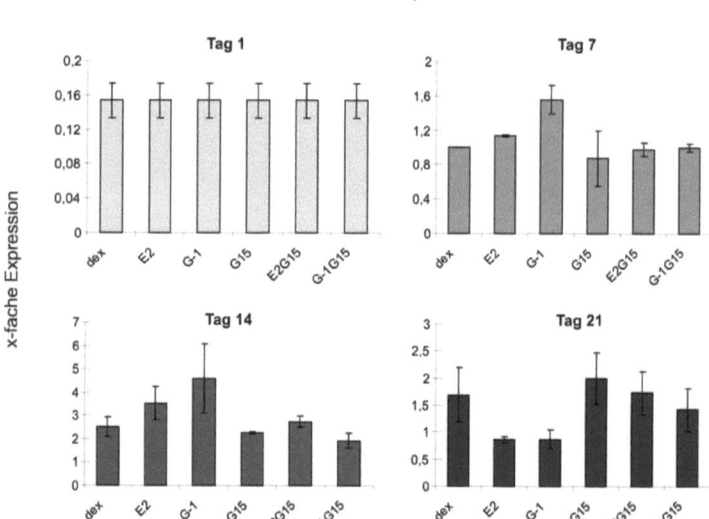

Abb. 4. 17. Sox9-Genexpression während der MSC-Chondrogenese unter dem Einfluss von GPR30-Agonisten und –Antagonisten, für jeden Zeitpunkt einzeln dargestellt nach der jeweiligen Behandlungsart. (Werte sind als x-fache Expression der Kontrolle dargestellt, wobei die Sox9-Expression der Kontrolle am Tag 7 als 1 definiert wurde.)

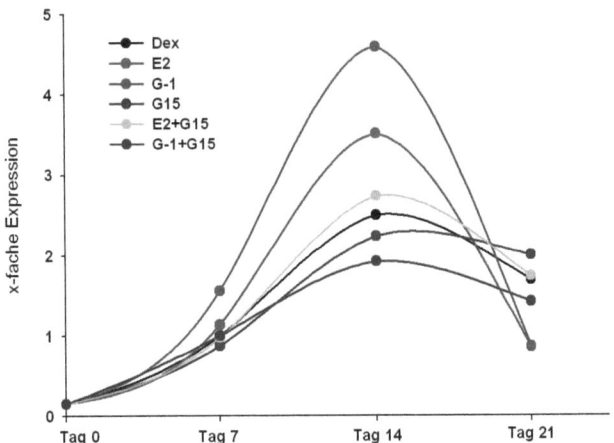

Abb. 4. 18. Zeitverlauf der Sox9-Genexpression während der MSC-Chondrogenese unter dem Einfluss von GPR30-Agonisten und –Antagonisten (Werte sind als x-fache Expression der Kontrolle dargestellt, wobei die Sox9-Expression der Kontrolle am Tag 7 als 1 definiert wurde.)

4.11. Nachweis des Epidermal-Growth-Factor-Receptors (EGFR)

Für eine mögliche Interaktion zwischen GPR30 und dem EGFR (s. Abschnitt 1.4.3.) ist das Vorhandensein des EGFR unerlässlich. Die immunhistochemische Anfärbung des EGFR zeigte in jeder Phase (Tag 1, 7, 14, 21) der chondrogenen Differenzierung von MSC-Aggregaten eine positive Reaktion (Abb. 4.19.). Die negative Kontrolle blieb ungefärbt.

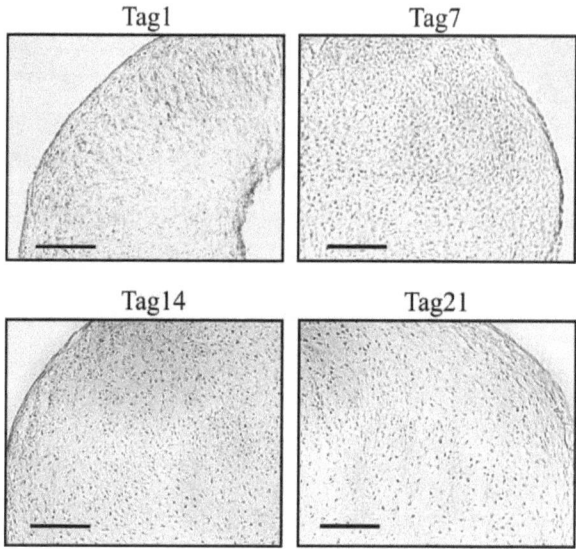

Abb. 4. 19. Nachweis des Epidermal-Growth-Factor-Receptors (EGFR) mittels Immunhistochemie (Maßeinheit 100 µm).

4.12. Phosphokinasen-Aktivierung

Die Phosphorylierung der verschiedenen Kinasen durch E2, ICI 182,780 oder G-1 im Vergleich zur Kontrolle (Dexamethason) wurde mit Hilfe von Proteome Profiler™ Array Human Phospho-Kinase-Kit geprüft. Die Spots der Positivkontrollen waren nach jeder Behandlung gleich dunkel bzw. die Negativkontrollen waren in jedem Fall negativ auf der Nitrozellulosemembran (Abb. 4.20.). Auf Abb. 4.20. wurden die Vertreter der Kinasen, die ihren Phosphorylierungsgrad nach den jeweiligen Behandlungen veränderten, markiert und als Balkendiagramm dargestellt (Abb. 4.21.). E2 bzw. die anderen GPR30-Agonisten, ICI 182,780 und G-1, verursachten die Aktivierung von ERK1/2 und STAT2 im Vergleich zur Dexamethasonkontrolle. Die Auswirkung von E2, ICI 182,780 oder G-1 auf die Phosphorylierung von Fyn, Src, p38α, p70 S6 Kinase 1 und p70 S6 Kinase 3 war inhibitorisch. Im Falle von Fgr und GSK 3α/β hatte E2 keine Wirkung, ICI 182,780 oder G-1 zeigten aber aktivierende Wirkung. Die Phosphorylierung von JNKpan und c-JUN wurde durch E2-Zugabe aktiviert, jedoch durch ICI 182,780- oder G-1-Zugabe inhibiert.

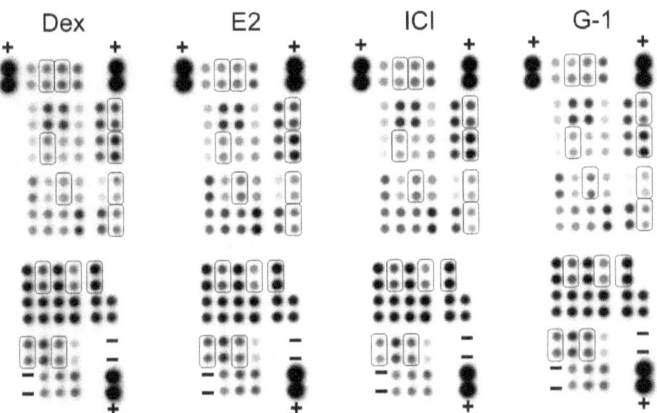

Abb. 4. 20. Die verschieden stark aktivierten Phosphokinasen auf dem Röntgenfilm nach der jeweiligen Behandlung mit GPR30-Agonisten (Symbole: +: Positivkontrolle, -: Negativkontrolle).

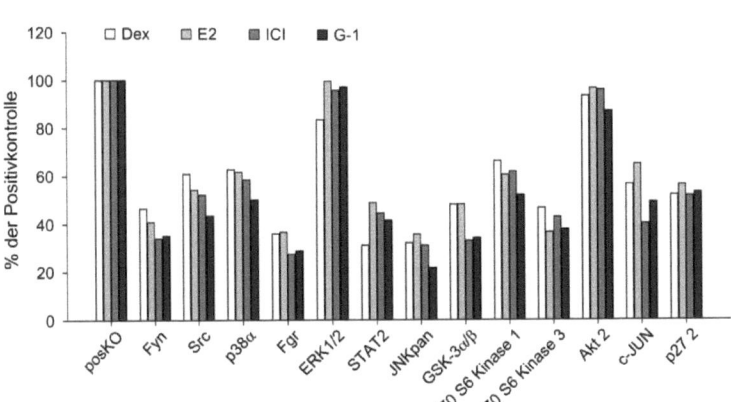

Abb. 4. 21. Der Einfluss von E2, ICI 182,780 oder G-1 auf den Phosphorylierungsgrad von verschiedenen Kinasen während der MSC-Chondrogenese (Werte sind als % der Positivkontrolle dargestellt, wobei die Pixelintensität der Positivkontrolle auf dem Röntgenfilm als 100% definiert wurde.).

Der Phosphorylierungsgrad von p27 wurde nach Behandlung mit E2 erhöht aber nach Behandlung mit ICI 182,780 oder G-1 reduziert. Schließlich verursachte E2- oder ICI 182,780-Zugabe eine erhöhte Phosphorylierung von Akt2, während G-1 auf diese Kinase keine Wirkung ausübte (Abb. 4.21.).

4.13. E2-Konversion während der Chondrogenese

Gespeicherte Estradiolkonzentration

Die Analyse der aufgelösten Aggregate mit Hilfe eines Szintillationszählers ergab, dass das applizierte ^{3}H-E2 in der ECM der Aggregate abhängig von und direkt proportional zur eingesetzten ^{3}H-E2-Konzentration gespeichert wurde. Die differenzierenden MSCs hielten ^{3}H-E2 sogar in höherer Konzentration im Aggregat fest (Akkumulation) als es ursprünglich appliziert wurde (Abb. 4.22.).

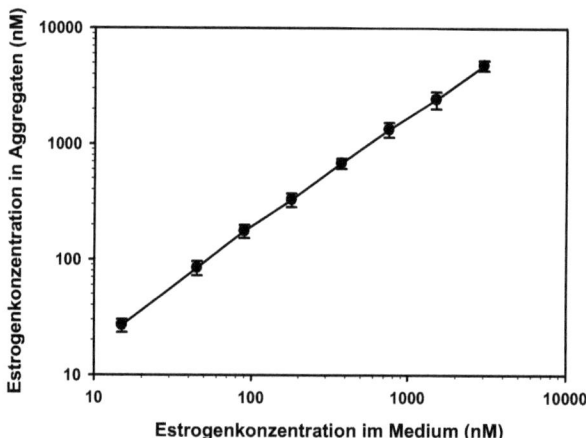

Abb. 4. 22. Konzentrationsabhängige Estrogenretention in chondrogen differenzierenden MSC-Aggregaten (Diagramm: Dr. Martin Schmidt, Universitätsklinikum Jena).

Kapitel 4 — Ergebnisse

Gebildete E2-Metaboliten

Außerdem wurde in den Überständen nachgewiesen, dass ein Teil des ^{3}H-E2, ebenfalls abhängig von der eingesetzten ^{3}H-E2-Konzentration, in verschiedene bekannte, z.B. Estron (E1) oder 4OH-E1, aber auch in zahlreiche bisher unbekannte Hydroxy- oder Methoxy-Metabolite konvertiert wurde (Abb. 4.23.).

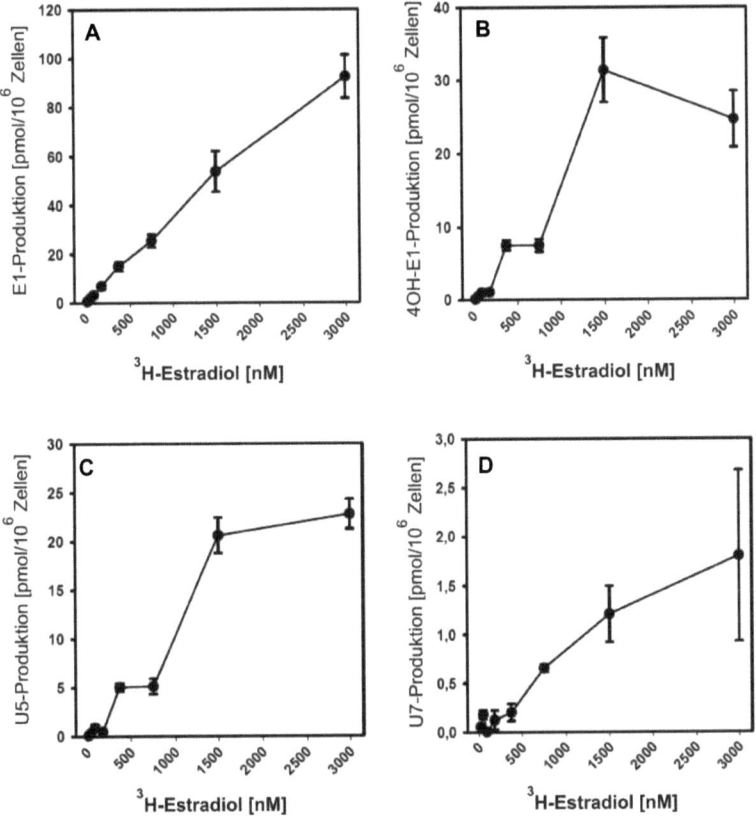

Abb. 4. 23. Konzentrationsabhängige Bildung von Estrogen-Metaboliten (A: Estriolbildung, B: 4OH-Estriolbildung C: Bildung des unbekannten Metabolits U5, D: Bildung des unbekannten Metabolits U7) in chondrogen differenzierenden MSC-Aggregaten (Diagramm: Dr. Martin Schmidt, Universitätsklinikum Jena).

5. Diskussion

Der Gelenkknorpel ist ein sexualhormonsensitives Gewebe. Vor allem spielt Estrogen eine wichtige Rolle beim Schließen der Wachstumsfuge oder in degenerativen Prozessen des Knorpels (Perry 2008; Cicuttini 2003; Richette 2003). Über den Einfluss von Sexualhormonen auf die Regeneration des Knorpels mittels Tissue Engineering ist jedoch wenig bekannt. In der vorliegenden Arbeit sollte untersucht werden, inwieweit Sexualhormone die Chondrogenese mesenchymaler Stammzellen und somit die Qualität, Einheilung und Reifung von chondrogenen Implantaten beeinflussen.

5.1. Die *in vitro* Chondrogenese humaner mesenchymaler Stammzellen

Im Rahmen der vorliegenden Arbeit wurde die chondrogene Differenzierung humaner mesenchymaler Stammzellen aus dem Knochenmark unter dem Einfluss von Sexualhormonen *in vitro* untersucht. Für die Bearbeitung der Fragestellung war die optimale Isolierung bzw. Selektion und Expansion der hMSCs die erste wichtige Voraussetzung. Die Entnahme der Knochenmarkaspirate erfolgte aus dem Beckenkamm. Die Menge des gewonnenen Knochenmarks und dessen zelluläre Zusammensetzung macht das Knochenmark des Beckenkamms zu einer bevorzugten MSC-Quelle (Pittenger, 1999). Es wurde allerdings gezeigt, dass die Anzahl und die Art der gewonnenen Zellen stark von der Isolierungsmethode abhängt (Lange et al. 2005). Bewährt hat sich die Zellauftrennung mit Ficoll-Dichtegradienten-Zentrifugation und anschließender Selektion der MSCs durch Adhärenz an den Plastikboden der Zellkulturgefäße (Pittenger et al., 1999). So war es möglich, aus durchschnittlich 20 ml Knochenmarkaspirat MSC-Primärkulturen mit einer MSC-Ausbeute von 40-120 Millionen Zellen anzulegen. Die MSC-Identität der Zellen anhand der Oberflächenmarker wurde in zahlreichen Vorarbeiten unseres Labors mittels FACS-Analyse bestätigt. Das dreidimensionale Differenzierungsmodell von Johnstone et al. (1998), das sogenannte Pellet- oder Aggregat-Modell, erlaubt die chondrogene Differenzierung von mesenchymalen Stammzellen bis zur Differenzierung in hypertrophe Chondrozyten (Mackay 1998, Mueller 2008, Mueller 2010). Mit diesem Modell ist es möglich, den Prozess der mesenchymalen Zellkondensation und der darauffolgenden knorpelspezifischen extrazelluläre Matrixbildung zu simulieren. In der Literatur (Parsch, 2004), sowie aus eigenen Vorarbeiten ist eine Altersabhängigkeit der Qualität der MSCs erkennbar. Dadurch wurden in der vorliegenden Arbeit vorzugsweise MSCs junger Patienten (18-45 Jahre) eingesetzt, bei denen gutes Differenzierungspotenzial erwartet werden konnte. Die Wahl von Spendern jungen Alters war auch deshalb wichtig, weil die Regeneration von Knorpeldefekten hauptsächlich diese Altersgruppe betrifft. Es wurde von verschiedenen Autoren bestätigt, dass die isolierten Zellen eine Mischung von MSCs mit unterschiedlicher Proliferations- und Differenzierungskapazität darstellen (Colter et al. 2001, Baksh et al. 2004, Verfaillie 2002). Diese Mischung besteht aus großen unförmigen Zellen mit geringem Proliferations- und Differenzierungspotenzial (mature MSCs), aus spindelförmigen, gut proliferierenden und differenzierenden Zellen und aus kleineren runden sich selbst erneuernden Zellen (rapidly self renewing cells, RS), die ebenfalls ein ausgeprägtes Differenzierungspotenzial aufweisen (Colter et al. 2001). Vorstellbar ist, dass die Zellzusammensetzung in Abhängigkeit von der Durchführung der Knochenmarkabnahme bzw. von dem Zeitpunkt der MSC-Isolierung oder von der isolierenden Person, stark variiert. Dieses Phänomen wurde auch in eigenen Experimenten beobachtet. Jedoch konnte die Heterogenität durch die Wahl von MSCs junger Spender reduziert werden.

Zusammenfassend eignen sich jedoch die MSCs des Knochenmarks und das dreidimensionale Aggregatmodell für die Untersuchung verschiedener Einflussfaktoren auf die *in vitro* Chondrogenese (Pittenger 1999, Angele 2003).

5.2. Sexualhormonrezeptoren

Die Voraussetzung für eine mögliche Wirkung von Sexualsteroiden ist das Vorhandensein spezifischer Rezeptoren. In dieser Arbeit konnten alle Rezeptoren der untersuchten Hormone (AR, ER α/β, GPR30) nachgewiesen werden. Die klassischen Sexualhormonrezeptoren, der Androgenrezeptor und die Estrogenrezeptoren α und β, waren hauptsächlich in dem Zytoplasma nachweisbar, wie es für das Knorpelgewebe bereits in der Literatur beschrieben wurde (Perry et al., 2008; Nilsson, 2003; Vanderschueren et al., 2004). Über die Lokalisation von GPR30 existieren dagegen kontroverse Studien. Filardo et al. (2007) konnten GPR30 in der Zellmembran von HEK-293-Zellen nachweisen. Im Gegensatz dazu zeigten Otto et al. (2008) in COS-7-, HEK293-, HEC50-, CHO- und MDA-MB231Zellen, dass GPR30 intrazellulär, im Endoplasmatischen Retikulum lokalisiert ist. Eine dritte Studie (Benten, 2001) beschrieb beide Möglichkeiten bei einem Zelltyp. Benten erklärte, dass der in der Zellmembran sitzende GPR30 nach der Bindung von einem Ligand internalisiert und über das endoplasmatische Retikulum recycelt wird. Der Nachweis von GPR30 in der vorliegenden Arbeit zeigte, dass dieser Rezeptor in der Zellmembran von chondrogen differenzierenden MSCs lokalisiert ist. Besonders die Detektion in der zweidimensionalen Monolayerkultur bestätigte diese Beobachtung. Nach Maggiolini ist es möglich, dass die Lokalisation von dem Zelltyp abhängt (Maggiolini, 2010).

Die Expression dieser Rezeptoren war während der gesamten chondrogenen Differenzierung unverändert, d.h. die Chondrogenese von MSCs ist in allen Phasen sensitiv für Sexualsteroide.

5.3. Wirkung von Sexualhormonen während der Proliferation

Die Proliferation der MSCs vor der Differenzierungsphase erfolgt in einem serumhaltigen Medium. Das Serum, in diesem Fall bovines Serum, kann durchaus Sexualsteroide enthalten. Die Analyse des Serums ergab jedoch, dass die Hormonkonzentrationen nicht messbar (DHEA, T) oder vernachlässigbar niedrig (E2) sind, d.h. deutlich unter den physiologischen Konzentrationen liegen. Durch den Einsatz des bovinen Serums bestand damit keine Gefahr, die Ergebnisse zu verfälschen, besonders wenn man bedenkt, dass das Serum im Proliferationsmedium in einer zehnfachen Verdünnung vorliegt.

Kapitel 5 *Diskussion*

In Abschnitt 4.1. wurde gezeigt, dass die spezifischen Sexualhormonrezeptoren am Anfang der Differenzierung, d.h. im undifferenzierten MSC-Stadium vorhanden sind. In der Literatur wurde ebenfalls beschrieben, dass humane MSCs die spezifischen Sexualhormonrezeptoren besitzen (Ray et al. 2008). Die MSCs sind also grundsätzlich hormonsensitiv. Die Zugabe von Sexualhormonen zeigte jedoch keine Einflüsse während der Proliferation. Am Ende der Expansion erhielt man nach jeder Behandlung gleich viele MSCs bzw. die Zugabe von Hormonen hatte keinen Einfluss auf die metabolische Aktivität während der Proliferation. Dieses Ergebnis scheint überraschend, denn frühere Studien beschrieben z. B. eine geschlechtsabhängig veränderte Proliferationskapazität von MSCs aus der Ratte nach E2-Zugabe (Hong et al. 2009). Während MSCs männlicher Ratten nach Behandlung mit hoher E2-Konzentration (10^{-6} M) signifikant weniger proliferierten, erhöhten niedrigere E2-Konzentrationen die Proliferationskapazität von MSCs weiblicher Ratten *in vitro*. Jedoch muss man bedenken, dass humane und Ratten-MSCs schwer zu vergleichen sind. Außerdem wurden im Proliferationsversuch nur Zellen männlicher Spender untersucht. Die Wirkung von 10^{-6} M E2 ist kritisch zu bewerten, da diese Konzentration unphysiologisch hoch ist. Andere Studien beschreiben, dass E2 durchaus pro-proliferative Wirkungen über Signalwege entfalten kann (Straub 2007). Es ist schwer zu deuten, warum Sexualhormone keinen Einfluss auf die Proliferation hatten, besonders wenn man bedenkt, dass die humane MSCs ausschließlich mit einer Sexualhormonkonzentration behandelt wurden.

Der Verlauf der metabolischen Aktivität und somit der Wachstumskurvenverlauf der MSCs verschiedener Spender variierte teilweise stark. Dieses Phänomen ist aber höchstwahrscheinlich auf die spenderspezifische Heterogenität (s. Abschnitt 5.1.) der MSCs zurückzuführen und nicht auf eine Hormonwirkung. Dies wird deutlich, wenn man die Aktivitätskurven der MSCs verschiedener Spender einzeln betrachtet.

Auch das Differenzierungspotential der MSCs wurde durch Sexualhormonbehandlung während der Proliferationsphase nicht verändert, wie die Ergebnisse im Abschnitt 4.3. zeigten. Einerseits ist denkbar, dass durch die Hormonzugabe unterschiedliche MSC-Subpopulationen selektiert wurden. Andererseits könnte es durchaus passieren, dass die Sensitivität von MSCs z.B. gegenüber Wachstumsfaktoren und somit das chondrogene Differenzierungsverhalten durch Sexualhormoneinfluss in der Proliferationsphase verändert wird.

5.4. Wirkung von Steroidhormonen auf die Chondrogenese

Der Einfluss von Sexualsteroiden auf die chondrogene Differenzierung von mesenchymalen Stammzellen ist von Bedeutung, um die Wirkung von im Gelenk bzw. in der Synovialflüssigkeit vorhandenen Sexualsteroide auf die MSC-basierte Regeneration von Knorpeldefekte abschätzen zu können. Anders als man erwarten würde, gibt es keine geschlechtsspezifischen Unterschiede bezüglich Sexualsteroid-Konzentrationen im Gelenk (Straub 2007), d. h. die möglichen Einflüsse von Sexualsteroiden auf die Integration bzw. chondrogene Differenzierung von regenerativen Implantaten betreffen sowohl Frauen als auch Männer. Durch die Verwendung von MSCs männlicher Spender wurde sichergestellt, dass die MSCs keinen Hormonschwankungen vor der Knochenmarkentnahme ausgesetzt wurden, wie es bei Zellen weiblicher Spender aufgrund unterschiedlicher Hormonkonzentrationen während der Periode der Fall sein könnte. Der Vergleich zwischen männlichen und weiblichen Zellen während der Chondrogenese erbrachte vergleichbare Ergebnisse. Jedoch ergab sich bei der Chondrogenese weiblicher MSCs eine höhere Varianz, die die Richtigkeit der o. g. Zellenauswahl bestätigt.

Einfluss von Dexamethason und Sexualhormonen

In der Literatur wurde bereits beschrieben, dass Dexamethason durch die Aktivierung des Transkriptionsfaktors Sox9 (Sekiya 2001, Tanaka 2004) die chondrogene Differenzierung fördert. Ähnliche Untersuchungen wurden aber bisher mit den Sexualhormonen nicht durchgeführt. Die Ergebnisse des Abschnitts 4.3.1. zeigen, dass Dexamethason für die chondrogene Differenzierung erforderlich ist bzw. dass die Hormone DHEA, T und E2 die chondrogenesefördernde Rolle von Dexamethason nicht übernehmen können. Dieses Phänomen könnte durch die Tatsache erklärt werden, dass die verschiedenen Hormone über unterschiedliche Rezeptoren wirken. Während das künstliche Glukokortikoid Dexamethason über Glukokortikoidrezeptoren wirkt (Tsurufuji, 1979), entfalten die Sexualhormone ihre Wirkung über spezifische Sexualhormonrezeptoren.

Der Versuch, die Chondrogenese durch Kombination von Dexamethason und Sexualhormonen zu verbessern, wurde ebenfalls im Rahmen dieser Arbeit zum ersten Mal unternommen. Die zusätzliche Zugabe von DHEA, T oder E2 verbesserte die Qualität der

Chondrogenese jedoch nicht. Diese Einflüsse wurden in darauffolgenden Versuchen genauer untersucht und werden im nächsten Abschnitt detaillierter diskutiert.

Dosisabhängiger Einfluss von Sexualhormonen

Der Versuch, die chondrogene Differenzierung von MSCs *in vitro* durch die Zugabe von DHEA, T und E2 in verschiedenen Konzentrationen mit Dexamethason zusammen zu manipulieren (4.4.) zeigte, dass die zwei Androgene (DHEA und T) die extrazelluläre Matrixbildung nicht beeinflussten, während die Behandlung mit 10^{-11} M und 10^{-8} M E2 die Synthese von Typ II Kollagen und sGAG signifikant reduzierte. Diese Ergebnisse bestätigen die beschriebene dosisabhängige Wirkung von E2 (Straub, 2007). E2 verursacht hierbei offensichtlich nicht die Apoptose der MSCs im Aggregat, und die daraus resultierende verminderte ECM-Produktion, da die DNA-Konzentration in den Aggregaten aller Versuchsgruppen um den Kontrollwert schwankte. Dementsprechend fand auch keine weitere Proliferation während der Chondrogenese statt. Die Wirkung von E2 beschränkt sich mit hoher Wahrscheinlichkeit auf eine verminderte chondrogene ECM-Synthese, denn es waren keine Unterschiede in der Kondensation der MSCs zu Aggregaten oder im grundsätzlichen Verlauf der Chondrogenese mit Größenzunahme oder Bildung von knorpelspezifischer ECM zwischen den verschiedenen Gruppen zu beobachten. Für die fehlenden Effekte von DHEA und T sind zwei Gründe denkbar. Es ist möglich, dass die direkten, über Androgenrezeptoren vermittelten Signalwege die chondrogene Differenzierung der Stammzellen tatsächlich nicht beeinflussen. Da aber Testosteron nach seiner Konversion zu E2 durch Aromatase (Carani, 1997) ebenfalls starke Wirkungen hervorrufen kann wie z.B. beim Schließen der Wachstumsfuge, könnte eine fehlende oder verminderte Aromatase-Expression bzw. -Aktivität der MSCs die Erklärung für die beobachteten Phänomene sein.

5.5. Die Hemmung der Chondrogenese durch Estradiol

Die Suppression der Chondrogenese durch E2

Basierend auf den oben beschriebenen Ergebnissen wurde der Fokus im Verlauf der Arbeit auf die E2-Effekte gelegt. Zunächst galt es, die Dosis-Wirkungs-Beziehung von E2 zu analysieren, da Sexualsteroide für ihre glockenförmige Dosis-Wirkungskurve bekannt sind (Englert 2006, Straub 2007). Die Untersuchung zeigte, dass die stärkste Hemmung auf die Hälfte an chondrogener ECM-Synthese durch die Behandlung der MSCs mit hoher E2-Konzentration (10^{-8} M) erzielt wurde. Diese hohe Konzentration stellt eine E2-Konzentration dar, die während der Schwangerschaft im Blut gemessen werden kann (Straub 2007). Jedoch findet man gerade in Gelenken sehr hohe Konzentrationen an Estrogen, teilweise sogar das 100-fache der Serum-Estrogenkonzentration (Schmidt, 2005). Unter Berücksichtigung dieser Tatsache können also so hohe Estrogenkonzentrationen eine wichtige Rolle in regenerativen Prozessen des Gelenks spielen. Die genaue Ursache für die beschriebenen hohen Estrogenkonzentrationen im Gelenk ist nicht bekannt. Eigene Untersuchungen deuten darauf hin, dass Knorpelgewebe große Mengen Estrogen zurückhalten kann (Abschnitt 4.13. und 5.7.). Jedoch ist noch unklar, ob das Estrogen von den Chondrozyten gebunden oder lediglich im Netz der ECM festgehalten wird.

Die Dosis-Wirkungs-Versuche mit MSCs weiblicher Spender zeigten ein ähnliches Differenzierungsverhalten wie die MSCs männlicher Spender, jedoch hatten die Werte eine höhere Varianz. Zusätzlich zur Heterogenität der MSCs scheinen andere Faktoren eine Rolle zu spielen. Zum Beispiel könnte die oben angesprochene periodisch schwankende Hormonkonzentration weiblicher Spender die Ursache des ungleichmäßigen Differenzierungsverhaltens sein.

Die sequenzielle Zugabe von E2 machte deutlich, dass die Anfangsphase der chondrogenen Differenzierung sensitiv für E2-Applikation ist (4.6.). E2 wirkte hemmend auf die Chondrogenese, wenn es in den ersten 7 Tagen appliziert wurde. Diese hemmende Wirkung hielt nach Abbruch der E2-Zugabe nach Tag 7 bis zum Ende der Versuche an. Die differenzierenden Zellen waren also nicht in der Lage, die negativen Einflüsse von initialer E2-Gabe während der Chondrogenese auszugleichen. Wurde die Behandlung dagegen erst nach Tag 7 gestartet, hatte E2 keinen signifikanten Effekt.

In der vorliegenden Arbeit wurde ein hemmender Effekt von E2 auf die Chondrogenese beobachtet. Dagegen zeigten andere Studien von Ab-Rahim et al. (2008) oder Claassen et al. (2006)

keinen Einfluss von E2 auf die Chondrogenese. Diese Studien sind jedoch aufgrund unterschiedlicher Kulturbedingungen oder Zelltypen mit dieser Arbeit schwer zu vergleichen. Im Gegensatz zu dieser Arbeit verwendete Ab-Rahim MSCs aus Kaninchen, welche in Monolayerkultur in einem FCS- und phenolredhaltigen Medium inkubiert wurden. Erstens wird bei primären Zellen, die Differenzierung durchlaufen sollten, ein serumfreies Medium empfohlen, da Serum die Bedingungen unkontrollierbar macht (Lindl 2002). Zweitens ist bekannt, dass Phenolred estrogenähnliche Wirkungen hervorrufen kann (Berthois 1986, Moreno-Cuevas 2000) und daher nicht in Versuchen mit Estradiolbehandlung verwendet werden sollte. Außerdem wurden die Zellen bei Ab-Rahim nur 48 Stunden im Differenzierungsmedium inkubiert im Gegensatz zu dieser Arbeit (21 Tage). Claassen verwendete bovine artikuläre Chondrozyten anstatt MSCs, die ebenfalls in Monolayer anstatt in einer dreidimensionalen Kultur kultiviert wurden. Des Weiteren betrug die Inkubationszeit in seinen Versuchen nur 24 Stunden.

Mechanismus des E2-Einflusses auf die Chondrogenese

Um herauszufinden, ob die hemmenden Effekte von E2 über die klassischen E2-Rezeptoren vermittelt werden, wurde der spezifische Antagonist dieser Rezeptoren (ICI 182,780; Howell, 2000) zusätzlich zum Estradiol eingesetzt. ICI 182,780, allein mit E2 koinkubiert, reduzierte unerwarteterweise die Synthese von Typ II Kollagen bzw. von sGAGs noch stärker als E2 (4.7.). Der hemmende Effekt von E2 auf die Chondrogenese konnte also nicht durch ICI 182,780 aufgehoben werden. Dieser Versuch deutete darauf hin, dass die beobachtete Wirkung von Estrogen nicht von den klassischen Rezeptoren ER α/β vermittelt wird, sondern möglicherweise von membranständigen Estrogenrezeptoren. Zur Überprüfung dieser Hypothese wurde das membranimpermeable Estrogen, E2-BSA eingesetzt (Stevis, 1999). Diese Versuche zeigten, dass E2-BSA die Produktion von knorpelspezifischer ECM stärker unterdrückt als E2, ähnlich wie ICI 182,780. So konnte also angenommen werden, dass einer der membranständigen Rezeptoren an der Suppression der Chondrogenese beteiligt ist.

Interessanterweise war in diesem Versuch keine E2-BSA-empfindliche Phase während der Chondrogenese zu beobachten. Die Produktion von ECM wurde zu allen Zeitpunkten gleich stark gehemmt. Es ist anzunehmen, dass die Unterschiede zwischen sequenzieller E2- und E2-BSA-Behandlung durch die verschieden stark exprimierten klassischen oder nichtklassischen

Estrogenrezeptoren während der Chondrogenese beeinflusst werden. Möglicherweise erhöht sich die Expression der klassischen Estrogenrezeptoren α und β ab Tag 7 der Differenzierung so stark, dass die klassischen E2-Effekte, die chondrogenesefördernd sein könnten, überwiegen und die membranvermittelten Effekte unterdrückt werden. Eine Alternativüberlegung wäre, dass durch die Membranrezeptorstimulation durch E2-BSA die Expression dieser Rezeptoren weiter induziert, wodurch die differenzierenden MSCs in jeder Phase der Chondrogenese E2-BSA-sensitiv sind.

Die Zugabe von E2-BSA bzw. von Membranrezeptor-Agonisten und –Antagonisten zeigte, dass die unterdrückte Chondrogenese von MSCs durch Memebranrezeptoren vermittelt wird. Wie in Abschnitt 1.4.3. bereits beschrieben, besteht die Möglichkeit, dass entweder der membranständige ERα oder der 7-transmembran-GPR30 eine Rolle bei der Vermittlung dieser Effekte spielt. Zudem könnte ICI 182,780 neben seiner Rolle als Antagonist der klassischen E2-Rezeptoren auch als Agonist des GPR30 fungieren (Prossnitz, 2008). In weiteren Versuchen wurde die Rolle von GPR30 in der Suppression der Chondrogenese untersucht. Die Ergebnisse dieser Analysen werden im nächsten Abschnitt diskutiert.

5.6. Die Rolle von GPR30 in der Suppression der Chondrogenese

Wirkung von GPR30-Agonisten und –Antagonisten auf chondrogene Marker

Die Rolle des GPR30 in der Vermittlung von E2-Effekten wurde analysiert, indem neben E2 der spezifische Agonist G-1 zum chondrogenen Medium hinzugefügt wurde. Um die möglichen Effekte aufzuheben, wurde der spezifische Antagonist G15 eingesetzt. Die Annahme, dass GPR30 die Hauptrolle bei der Vermittlung der Suppression der Chondrogenese durch E2 spielt wurde durch diese Versuche bestätigt (Abschnitt 4.10.).

Auch die MIA/CD-RAP-Analyse bestätigte den hemmenden Effekt von E2 auf die Kollagen-II-Deposition. Zeitgleich mit Kollagen II stieg zunächst die Expression von MIA als Ausdruck zunehmender Chondrogenese bei allen Versuchsgruppen an. Am Ende der chondrogenen Differenzierung war eine Herunterregulierung erkennbar (Bosserhoff, 2003). Jedoch verstärkten die GPR30-Agonisten E2 und G-1 diese Herunterregulierung (Abb. 4.15). Betrachtet man die Expression des Sox9-Gens, bekommt man eine Antwort auf die Frage, warum MSCs nach GPR30-Agonist-Behandlung (E2 oder G-1) weniger Typ II Kollagen synthetisieren. Den Abbildungen 4.17.

bzw. 4.18. war zu entnehmen, dass die Zugabe von GPR30-Agonisten die Sox9-Genexpression zwar bis zum Tag 14 erhöht, diese aber bis zum Ende der Differenzierung stärker herunterreguliert als es bei der Kontrolle oder bei den anderen Behandlungsarten der Fall war. Es wurde beschrieben, dass die Herunterregulierung des Transkriptionsfaktors Sox9 während der Chondrogenese auf Hypertrophie hindeutet (Goldring, 2006; Abb. 5.1.). In diesem Fall sollten bei den E2- bzw. G-1-behandelten Gruppen die hypertrophen Marker hochreguliert sein. Diese Aspekte wurden in darauffolgenden PCR-Analysen genauer untersucht und werden im nächsten Abschnitt detaillierter diskutiert.

Wirkung von GPR30-Agonisten und –Antagonisten auf hypertrophe Marker

Die Analyse von Hypertrophiemarkern (Typ X Kollagen, MMP13) mittels qPCR bestätigte die oben beschriebene Annahme. Die GPR30-Agonisten, E2 und G-1, bewirken somit nicht die Verzögerung oder Unterdrückung der Chondrogenese. Vielmehr scheinen diese Substanzen die Chondrogenese in Richtung Hypertrophie zu beschleunigen. Diese Ergebnisse stimmen mit Beobachtungen in der Literatur überein: Es ist bekannt, dass Estrogen bei beiden Geschlechtern für das Schließen der Wachstumsfuge und somit für ein normales Längenwachstum notwendig ist. Hierbei induziert Estrogen keine direkte Ossifikation, vielmehr verursacht es die Beschleunigung des programmierten Zelltodes der Chondrozyten und somit das frühere Schließen der Wachstumsfuge (Weise 2001). Zusätzliche Bestätigung wäre möglich durch die Untersuchung weiterer Ossifikationsmarker, wie z.B. Runx2 (Abb. 5.1.).

Außerdem wurde beobachtet, dass das Femur der Wildtyp-Mäuse kürzer war als der der GPR30-KO-Mäuse. Das gilt auch für die Höhe der Wachstumsfuge. Diese *in vivo* Analysen deuteten darauf hin, dass die Anwesenheit von GPR30 für das estrogenvermittelte Schließen der Wachstumsfuge notwendig ist (Windahl 2009).

Kapitel 5   Diskussion

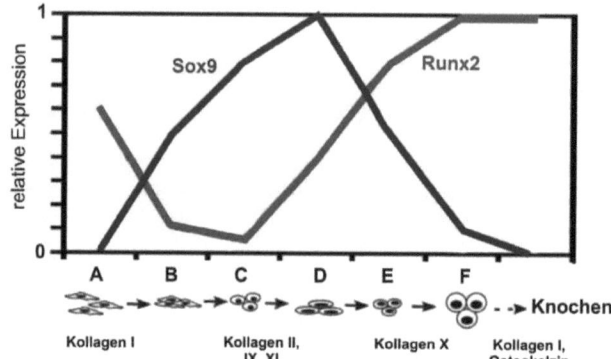

Abb. 5. 1. Der Expressionsverlauf von Sox9 und Runx2 während der Chondrogenese in der Skelettentwicklung (verändert nach Goldring)

Fungiert GPR30 als Estrogenrezeptor in chondrogen differenzierenden MSCs?

Aufgrund aktueller Studien bestehen allgemeine Zweifel an der Funktion von GPR30 als spezifischer Estrogenrezeptor (Langer, 2010).

Prossnitz, Filardo und Revankar lieferten Ergebnisse mit verschiedenen Zelltypen, die für GPR30 als E2-Rezeptor sprechen (Revankar et al. 2005, Filardo et al. 2005, Prossnitz et al. 2007). Maggiolini plädiert auch dafür, dass GPR30 tatsächlich ein Estrogenrezeptor ist, besonders weil bisher keine wissenschaftlichen Untersuchungen das Gegenteil beweisen konnten (Maggiolini, 2010). Auch in der vorliegenden Arbeit ging man zunächst davon aus, dass GPR30 als E2-Rezeptor fungiert. Es wären gründlich geplante Bindungsstudien und weitere Versuche notwendig, um die Rolle von GPR30 aufzuklären.

5.7. Die mögliche Rolle des Epidermal-Growth-Factor-Receptors (EGFR)

GPR30 kann auf verschiedene Weise E2-Effekte vermitteln. Eine Möglichkeit ist die Interaktion mit dem EGFR, der darauffolgend die intrazellulären MAPKinasen aktiviert (Filardo, 2005). Der EGFR wurde in der vorliegenden Arbeit in MSC-Aggregaten nachgewiesen. Theoretisch ist also eine GPR30-vermittelte Wirkung von E2 über EGFR möglich. Interessanterweise beschrieb Yoon (2000, Abb. 5.2.), dass der durch EGF aktivierte EGFR durch Blockierung von p38 (chondrogenesefördernd) und Aktivierung von ERK (chondrogenesehemmend) die Anfangsphase der Chondrogenese hemmt. Die Analyse der Phosphokinasen mittels Proteome Profiler ergab ähnliche Ergebnisse: Die Zugabe von GPR30-Agonisten verursachte die Aktivierung von ERK und die Blockierung von p38. Weitere bestätigende Wiederholungen sollten in der Zukunft durchgeführt werden, um die Ergebnisse sichern zu können. Eine weitere interessante Beobachtung präsentierte Maggiolini (2010). In dieser Studie wurde gezeigt, dass der aktivierte EGFR die Expression von GPR30 hochreguliert, was eine typische positive Rückkopplung darstellt. Hierzu wurden in der vorliegenden Arbeit keine Untersuchungen bei den MSCs durchgeführt. Dieser Punkt ist jedoch richtungsweisend für zukünftige Versuche zur Aufdeckung der Rolle von GPR30 und EGFR während der Chondrogenese.

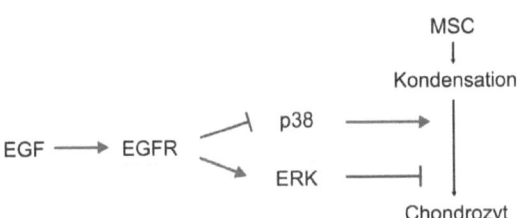

Abb. 5.2. Die Rolle des EGF-Rezeptors in der Chondrogenese (verändert nach Yoon, 2000)

5.8. E2-Konversion während der Chondrogenese

Die Analyse der E2-Konversion führte zu der interessanten Beobachtung, dass die chondrogen differenzierenden MSCs E2 in sehr hoher Konzentration speichern. Es ist noch nicht klar, ob E2 chemisch gebunden oder „nur" in der extrazellulären Matrix festgehalten wird. Jedoch spielt die Tatsache, dass E2 hochkonzentriert in den Aggregaten gespeichert wird, möglicherweise eine wichtige Rolle in den beobachteten Effekten auf die Chondrogenese. Denkbar ist außerdem, dass dieser Mechanismus für die im Vergleich zum Serum hohen Steroidkonzentrationen im Kniegelenk verantwortlich ist (Schmidt, 2005). Diese Ergebnisse deuten auf die wichtige Rolle von Estrogen in der Knorpelbiologie und -regeneration hin.

Zudem beobachteten wir eine hohe E2-metabolische Aktivität von MSCs während der Chondrogenese. Neben Estron (E1) und 4OH-E1 wurden bisher unbekannte Metaboliten in relativ hoher Konzentration und abhängig von der hinzugefügten ^{3}H-E2-Konzentration gebildet. Interessanterweise erzeugen MSCs viele Metaboliten in hoher Konzentration, die von Synoviozyten nicht gebildet werden. Während Synoviozyten eher das pro-proliferative und stark pro-inflammatorische 16OH-E1 bilden, synthetisieren MSCs bevorzugt E1 (leicht pro-inflammatorisch) und 4OH-E1 (anti-inflammatorisch) (Schmidt et al. 2009, Straub 2007). Die genaue Rolle dieser Metaboliten während der Chondrogenese wurde bisher nicht untersucht. Da diese aber von chondrogen differenzierenden MSCs in großen Mengen gebildet werden, ist ihre Beteiligung an der Suppression der Differenzierung nicht auszuschließen. Durch Zugabe von verschiedenen E2-Metaboliten während der MSC-Chondrogenese *in vitro* wäre die Aufklärung dieser Fragen in der Zukunft möglich.

5.9. Fazit und Ausblick

Die Beobachtungen und Ergebnisse dieser Arbeit zeigten, dass Sexualhormone, besonders Estradiol, eine wichtige Rolle während der chondrogenen Differenzierung mesenchymaler Stammzellen spielen. Estradiol bewirkte eine verminderte Expression von chondrogenen Markern und beschleunigte gleichzeitig die Hypertrophie. Für diese Effekte ist der Rezeptor GPR30 verantwortlich. Die genauen Mechanismen sind noch nicht bekannt. In der Zukunft sollten die beschriebenen Signalkaskaden untersucht werden, um den genauen Wirkungsweg von E2 via GPR30 aufzudecken. Des Weiteren sollten die Effekte über GPR30 in verschiedenen *in vivo* Versuchen analysiert werden wie z.B. die chondrogene Differenzierung von Zell-Matrix-Konstrukten in subkutanen Taschen der Maus. Die Ergebnisse der vorliegenden Arbeit und der Experimente der Zukunft zu diesem Thema ermöglichen neue, klinisch realisierbare Überlegungen für die regenerative Reparatur z.B. durch den Einsatz von GPR30-Antagonisten.

Zusammenfassung

Gelenkknorpelläsionen können aufgrund der fehlenden Möglichkeit zur Selbstregeneration nicht behoben werden und führen zur Osteoarthrose. Eine der größten Herausforderungen ist deshalb, die Entstehung einer sekundären Osteoarthrose zu verzögern bzw. zu verhindern. Durch Verwendung von autologen mesenchymalen Stammzellen bietet Tissue Engineering eine vielversprechende Option für die Regeneration von fokalen artikulären Knorpeldefekten. Aufgrund fehlender Kenntnisse über den Einfluss von Wachstumsfaktoren oder Hormonen des Körpers auf die chondrogene Differenzierung ist die klinische Anwendung noch nicht möglich. Sexualhormone sind im Gelenk in hohen Konzentrationen vorzufinden und beeinflussen verschiedene Prozesse im Knorpelgewebe. Das Ziel der vorliegenden Arbeit ist, die Wirkung von Sexualhormonen auf die Chondrogenese humaner mesenchymaler Stammzellen zu untersuchen.

Die spezifischen Androgen- und Estrogenrezeptoren sowie der neu entdeckte Estrogenrezeptor GPR30 konnten in den chondrogen differenzierenden mesenchymalen Stammzellen nachgewiesen werden. Die Behandlung mit Sexualhormonen in der Proliferationsphase hatte weder einen Einfluss auf die Zellzahl oder Zellvitalität noch auf die Qualität der darauffolgenden chondrogenen Differenzierung. Die Zugabe von Steroidhormonen in der Differenzierungsphase zeigte, dass Dexamethason für die Chondrogenese erforderlich ist und dass die Sexualhormone diese chondrogenesefördernde Rolle nicht ersetzen können. Durch die Applikation von Sexualhormonen in Kombination mit Dexamethason konnte die Chondrogenesequalität nicht verbessert werden. Im Gegenteil, Estradiol verursachte eine dosisabhängige Reduktion von chondrogenen Markern und beschleunigte gleichzeitig die Hypertrophie. Der Einsatz von spezifischen Rezeptor-Agonisten und -Antagonisten zeigte, dass die estrogenabhängige Reduktion der Chondrogenese nicht von den klassischen intrazellulären Estrogenrezeptoren (ER α/β), sondern vom membranassoziierten Rezeptor GPR30 vermittelt wird.

Die Ergebnisse der vorliegenden Arbeit liefern wichtige Erkenntnisse über den möglichen Einfluss von Sexualhormonen auf die Qualität, Einheilung und Reifung von chondrogenen Implantaten und dienen als Basis für weitere Untersuchungen in Richtung klinischer Anwendung.

Summary

Due to its limited regeneration capacity, articular cartilage injuries can not be repaired and lead to osteoarthritis. Therefore, the delay or prevention of secondary osteoarthritis poses one of the major orthopaedic challenges. Tissue engineering utilizing autologous mesenchymal stem cells provides a potential approach for the repair of focal articular cartilage defects. However, the clinical application is not yet possible due to the sparse knowledge of the systemic influences of growth factors or hormones on the chondrogenic differentiation. Sex steroids are present in the joints at high concentrations and have an effect on different processes in the cartilage tissue. The aim of this study was to investigate the effects of sex steroids on the chondrogenesis of human mesenchymal stem cells.

The existence of the specific androgen and estrogen receptors and the newly-discovered estrogen receptor GPR30 was shown in mesenchymal stem cells undergoing chondrogenic differentiation. The treatment with sex steroids during proliferation neither had an effect on cell count or cell viability nor on the quality of succeeding differentiation. The addition of sex steroids during differentiation showed that dexamethasone is required for chondrogenesis and this beneficial role for chondrogenesis could not be replaced by sex steroids. The quality of chondrogenesis was not enhanced by the application of sex steroids in combination with dexamethasone. Estradiol rather caused a dose-dependent downregulation of chondrogenic markers and at the same time the acceleration of hypertrophy. The substitution of specific receptor agonists or antagonists showed that the estrogen-dependent reduction of chondrogenesis was not mediated by classical intracellular estrogen receptors (ER α/β), but by the membrane-associated receptor GPR30.

The results of this study lead to important conclusions about possible influences of sex steroids on the quality, integration and maturation of chondrogenic implants and provide a basis for further investigations with the aim to find clinical application.

Literaturverzeichnis

Ab-Rahim S., Selvaratnam L., Kamarul T. (2008) The effect of TGFβ-1 and β–estradiol on glycosaminoglycan and type II collagen distribution in articular chondrocyte cultures. *Cell Biology International* 32: 841-847.

Adkisson H. D., Gillis M. P., Davis E. C., Maloney W. and Hruska K. A. (2001). In vitro generation of scaffold independent neocartilage. *Clinical Orthopaedics & Related Research* 391: 280-94.

Aglietti P., Ciardullo A., Giron F., Ponteggia F. (2001). Results of Arthroscopic Excision of the Fragment in the Treatment of Osteochondritis Dissecans of the Knee. *Arthroscopy: The Journal of Arthroscopic & Related Surgery* 17: 741-746.

Alberts B., Johnson A., Lewis J., Raff M., Roberts K., Walter P. (2007). The extracellular matrix of animal connective tissues. *Molecular Biology of the Cell* 1178-1195 in Chapter 19. Garland Science.

Angele P., Kujat R., Nerlich M., Yoo J., Goldberg V. and Johnstone B. (1999). Engineering of osteochondral tissue with bone marrow mesenchymal progenitor cells in a derivatized hyaluronan-gelatin composite sponge. *Tissue Engineering* 5:545-54.

Angele P., Yoo J. U., Smith C., Mansour J., Jepsen K. J., Nerlich M., Johnstone B. (2003). Cyclic hydrostatic pressure enhances the chondrogenic phenotype of human mesenchymal progenitor cells differentiated in vitro. *Journal of Orthopaedic Research* 21: 451-457.

Angele P., Zellner J., Englert C., Nerlich M. (2005). Möglichkeiten der modernen Gelenkknorpelchirurgie : Mikrofrakturierung, osteochondrale Transplantation. *Aktuelle Traumatologie* 35: 255-259.

Ashton B. A., Allen T. D., Howlett C. R., et al. (1980). Formation of bone and cartilage by marrow stromal cells in diffusion chambers in vivo. *Clinical Orthopaedics & Related Research* 151: 294-307.

Baksh D., Song L., Tuan R. S. (2004). Adult mesenchymal stem cells: characterization, differentiation, and application in cell and gene therapy. *Journal of Cellular and Molecular Medicine* 8: 301-16.

Beker-van Woudenberg A. R., van Tol H. T..A. (2004). Estradiol and Its Membrane-Impermeable Conjugate (Estradiol-Bovine Serum Albumin) During In Vitro Maturation of Bovine Oocytes: Effects on Nuclear and Cytoplasmic Maturation, Cytoskeleton, and Embryo Quality. *Biology of Reproduction* 70: 1465–1474.

Benten W. P. M., Stephan C., Lieberherr M., Wunderlich F. (2001). Estradiol Signaling via Sequestrable Surface Receptors. *Endocrinology* 142: 1669-1677.

Benthien J. P, Behrens P. (2010). Autologous Matrix-Induced Chondrogenesis (AMIC) Combining Microfracturing and a Collagen I/III Matrix for Articular Cartilage Resurfacing. *Cartilage* doi: 10.1177/1947603509360044.

Bert JM. (1997). Abrasion arthroplasty. *Operative Techniques in Orthopaedics* 7: 294-299.

Berthois Y., Katzenellenbogen J. A., Katzenellenbogen B. S. (1986) Phenol red in tissue culture media is a weak estrogen: Implications concerning the study of estrogen-responsive cells in culture. *Cell Biology* 83: 2496-2500.

Bhosale A. M., Richardson J. B. (2008). Articular cartilage: structure, injuries and review of management. *British Medical Bulletin* 87(1):77-95.

Bieback K., Kern, S. Kluter H., Eichler, H. (2004). Critical parameters for the isolation of mesenchymal stem cells from umbilical cord blood. *Stem Cells* 22: 625-634.

Boehme K., Winterhalter K. H., und Bruckner P. (1995). Terminal differentiation of chondrocytes in culture is a spontaneous process and is arrested by transforming growth factor-beta 2 and basic fibroblast growth factor in synergy. *Experimental Cell Research* 216: 191-8.

Bologa C. G. and Prossnitz E. R. et al. (2006). Virtual and biomolecular screening converge on a selective agonist for GPR30. *Nature Chemical Biology* 2: 207 – 212.

Borra R. C., Lotufo M. A., Gagioti S. M., Barros F. M., Andrade P. M. (2009). A simple method to measure cell viability in proliferation and cytotoxicity assays. *Brazilian Oral Research* 23: 255-62.

Bosserhoff A.K. und Buettner R. (2003). Establishing the protein MIA (melanoma inhibitory activity) as a marker for chondrocyte differentiation. *Biomaterials* 24: 3229-3234.

Brighton C. T. und Happenstall R. B. (1971). Oxygen tensions in zones of epiphyseal plate metaphysic and diaphysis. *The Journal of Bone and Joint Surgery* 53A: 719-728.

Brittberg M., Lindahl A., Nilsson A., et al. (1994). Treatment of deep cartilage defects in the knee with autologous chondrocyte transplantation. *The New England Journal of Medicine* 31: 889-895.

Bruder S. P., Jaiswal N., Haynesworth S. E. (1997). Growth kinetics, self-renewal, and the osteogenic potential of purified human mesenchymal stem cells during extensive subcultivation and following cryopreservation. *Journal of Cellular Biochemistry* 64: 278-294.

Buckwalter J. A. and Mankin H. J. (1998). Articular cartilage repair and transplantation. *Arthritis and Rheumatism* 41: 1331-1342.

Buckwalter J.A. and Mankin H. J. (1997). Articular cartilage. Part II: Degeneration and osteoarthrosis, repair, regeneration, and transplantation. *The Journal of Bone and Joint Surgery* 79A: 612-632.

Burr D. B. (2004). The Importance of Subchondral Bone in the Progression of Osteoarthritis. *The Journal of Rheumatology* 31: 77-80.

Cancedda R., Dozin B., Giannoni P. and Quarto R. (2003). Tissue engineering and cell therapy of cartilage and bone. *Matrix Biology* 22: 81-91.

Caplan A. I. (1991). Mesenchymal stem cells. *Journal of Orthopaedic Research* 9: 641-650.

Caplan A. I. (1994). The mesengenic process. *Clinics in plastic surgery* 21: 429-435.

Caplan A. I. (2005). Mesenchymal Stem Cells: Cell–Based Reconstructive Therapy in Orthopedics. *Tissue Engineering* 1(7-8): 1198-1211.

Carani C. and Simpson E. R. et al. (1997). Effect of Testosterone and Estradiol in a Man with Aromatase Deficiency. *The New England Journal of Medicine* 337: 91-95.

Carmeci C., Thompson D. A., Ring H. Z., Francke U, Weigel R. J. (1997). Identification of a Gene (GPR30) with Homology to the G-Protein-Coupled Receptor Superfamily Associated with Estrogen Receptor Expression in Breast Cancer. *Genomics* 45: 607-617.

Chagin A. S., Sävendahl L. (2007). GPR30 Estrogen Receptor Expression in the Growth Plate Declines as Puberty Progresses. *The Journal of Clinical Endocrinology & Metabolism* 92: 4873-4877.

Chen F. H., Rousche K. T., Tuan R. S. (2006). Technology Insight: adult stem cells in cartilage regeneration and tissue engineering. *Nature Clinical Practice Rheumatology* 2: 373-382.

Chepda T., Cadau M., Girin Ph., Frey J. and Chamson A. (2001). Monitoring of ascorbate at a constant rate in cell culture: Effect on cell growth. *In Vitro Cellular & Developmental Biology – Animal* 37: 26-30.

Chomczynski P., Sacchi N. (1987/2006). The single-step method of RNA isolation by acid guanidinium thiocyanate–phenol–chloroform extraction: twenty-something years on. *Nature Protocols* 1: 581 – 585.

Cicuttini F. M., Wluka A. E., Forbes A., and Wolfe R. (2003). Comparison of Tibial Cartilage Volume and Radiologic Grade of the Tibiofemoral Joint. *Arthritis & Rheumatism* 48: 682–688.

Claassen H., Schlüter M., Schünke M., Kurz B. (2006) Influence of 17β–estradiol and insulin on type II collagen and protein synthesis of articular chondrocytes. *Bone* 39: 310-317.

Colter D. C., Sekiya I., Prockop D. J. (2001). Identification of a subpopulation of rapidly self-renewing and multipotential adult stem cells in colonies of human marrow stromal cells. *PNAS USA* 98: 7841-45.

Da Silva Meirelles L., Caplan A. I., Nardi N. B. (2008). In Search of the In Vivo Identity of Mesenchymal Stem Cells. *Stem cells* 26: 2287-2299.

De Bari C., Dell'Accio F., Luyten F. P. (2001a). Human periosteum-derived cells maintain phenotypic stability and chondrogenic potential throughout expansion regardless of donor age. *Arthritis and Rheumatism* 44: 85-95.

De Bari C., Dell'Accio F., Tylzanowski P., Luyten F. P. (2001b). Multipotent mesenchymal stem cells from adult human synovial membrane. *Arthritis and Rheumatism* 44: 1928-1942.

Dennis M. K. and Prossnitz E. R. et al. (2009). In vivo effects of a GPR30 antagonist. *Nature Chemical Biology* 5: 421 – 427.

Djouad F., Bony C., Haupl T., et al. (2005). Transcriptional profiles discriminate bone marrow-derived and synovium-derived mesenchymal stem cells. *Arthritis Research and Therapy* 7: R1304-1315.

Dowthwaite G. P. and Archer C. W. et al. (2004). The surface of articular cartilage contains a progenitor cell population. *Journal of Cell Science* 117: 889-897.

Eikenberry F. E., Bruckner P. (1999). Supramolecular Structure of Cartilage Matrix. *Dynamics of Bone and Cartilage Metabolism* 289-298, Chapter 20. Academic Press.

Englert C., Blunk T., Fierlbeck J., Kaiser J., Stosiek W., Angele P., Hammer J., Straub R. H. (2006). Steroid hormones strongly support bovine articular cartilage integration in the absence of interleukin-1β. *Arthritis & Rheumatism* 54: 3890–3897.

Filardo E. J. Thomas P. (2005). GPR30: a seven-transmembrane-spanning estrogen receptor that triggers EGF release. *Trends in Endocrinology and Metabolism* 16: 362-367.

Filardo E., Quinn J., Pang Y., Graeber C., Shaw S., Dong J., Thomas P. (2007). Activation of the Novel Estrogen Receptor G Protein-Coupled Receptor 30 (GPR30) at the Plasma Membrane. *Endocrinology* 148: 3236-3245.

Flik K. R., Verma N., Cole B. J., Bach B. R. Jr. (2007). Articular cartilage – Structure, Biology, and Function. *Cartilage Repair Strategies 1-12*, DOI: 10.1007/978-1-59745-343-1_1.

Friedenstein A. J., Chailakhjan R. K., LalykinaK. S. (1970). The Development of Fibroblast Colonies in Monolayer Cultures of Guinea-Pig Bone Marrow and Spleen Cells. *Cell Proliferation* 3: 393–403.

Friedenstein A. J., Piatetzky-Shapiro I. I., Petrakova K. V. (1966). Osteogenesis in transplants of bone marrow cells. *Journal of Embryology and experimental Morphology.* 16: 581-390.

Friedenstein A. J., Petrakova K. V., Kurolesova A. I.Frolova G. P. (1968). Heterotopic of bone marrow. Analysis of precursor cells for osteogenic and hematopoietic tissues. *Transplantation* 6: 230-247.

Goldring M. B., Tsuchimochi K., Ijiri K. (2006). The control of chondrogenesis. *Journal of Cellular Biochemistry* 97: 33-44.

Grogan S. P., Miyaki S., Ashara H., D´Lima D., Lotz M. K. (2009). Mesenchymal progenitor cell markers in human articular cartilage: normal distribution and changes in osteoarthritis. *Arthritis Research & Therapy* 11(3): R85.

Gronemeyer H., Laudet V. (1995). Transcription factors 3: nuclear receptors. *Protein Profile* 2(11):1173-1308.

Hall B. K., Miyake T. (2000). All for one and one for all: condensations and the initiation of skeletal development. *Bioessays* 22: 138-147.

Heino J. (2007). The collagen family members as cell adhesion proteins. Bioessays 29: 1001-1010.

Hoemann C. D., Sun J., Chrzanowski V., Buschmann M. D. (2002). A Multivalent Assay to Detect Glycosaminoglycan, Protein, Collagen, RNA, and DNA Content in Milligram Samples of Cartilage or Hydrogel-Based Repair Cartilage. *Analytical Biochemistry* 1: 1-10.

Hong L., Sultana H., Paulius K., Zhang G. (2009). Steroid regulation of proliferation and osteogenic differentiation of bone marrow stromal cells: A gender difference. *The Journal of Steroid Biochemistry and Molecular Biology* 114: 180-85.

Howell A., Osborne C. K., Morris C., Wakeling A. E. (2000). ICI 182,780 (Faslodex™) Development of a novel, "pure" antiestrogen. *Cancer* 89: 817–825.

Huber M.; Trattnig S., Lintner F. (2000). Anatomy, Biochemistry, and Physiology of Articular Cartilage. *Investigative Radiology* 35: 573-580.

Hunziker E. B. (1992). The different types of chondrocytes and their function in vivo. In: *Biological Regulation of Chondrocytes* (Adolphe, M., ed.), 1-31. CRC Press, Boca Raton, FL.

Igura K., Zhang X., Takahashi K., et al. (2004). Isolation and characterization of mesenchymal progenitor cells from chorionic villi of human placenta. *Cytotherapy* 6: 543-553.

Ikeda T., Kawaguchi H., Kamekura S., Ogata N., Mori Y., Nakamura K., Ikegawa S. and Chung U. (2005). Distinct roles of Sox5, Sox6, and Sox9 in different stages of chondrogenic differentiation. *Journal of Bone and Mineral Metabolism* 23: 337-340.

Jay G. D., Britt D. E., und Cha C. J. (2000). Lubricin is a product of megakaryocyte stimulating factor gene expression in human synovial fibroblasts. *The Journal of Rheumatology* 27: 594-600.

Johnstone B., Hering T.M., Caplan A.I., Goldberg V.M. and Yoo J.U. (1998). In vitro chondrogenesis of bone marrow-derived mesenchymal progenitor cells. *Experimental Cell Research* 238:265-72.

Kleine B., Rossmanith W. G. (2007): Steroidhormone in: *Hormone und Hormonsystem* Kapitel 4: 67-84. Springer Verlag.

Kolf C. M., Cho E., Tuan R. S. (2007). Biology of adult mesenchymal stem cells: regulation of niche, self-renewal and differentiation. *Arthritis Research & Therapy* 9:204 (doi:10.1186/ar2116).

Kumar V., Chambon P. (1988). The estrogen receptor binds tightly to ist responsive element as a ligand-induced homodimer. *Cell.* 55:145-156.

Lange C., Schroeder J., Lioznov M. V., Zander A. R. (2005). High-Potential Human Mesenchymal Stem Cells. *Stem Cells and Development* 14: 70–80.

Langer G., Bader B., Meoli L., Delbeck M., Ruiz Noppinger P., Otto C. (2010). A critical review of fundamental controversies in the field of GPR30 research. *Steroids* 75: 603-610.

Lefebvre V., Smits P. (2005). Transcriptional control of chondrocyte fate and differentiation. Birth Defects Research Part C: Embryo Today 75, 200-212.

Levin E. R. (2009). G Protein-Coupled Receptor 30: Estrogen Receptor or Collaborator? *Endocrinology* 150: 1563-1565.

Lindl T. (2002). Zellkulturmedien. *Zell- und Gewebekultur.* 5. Auflage Kapitel 4. Spektrum Akademischer Verlag.

Lucas P. C., Granner D. K. (1992) Hormone response domains in gene transcription. *Annual Review of Biochemistry* 61:1131-73.

Mackay A. M., Beck S. C., Murphy J. M., Barry F. P., Chichester C. O., Pittenger M. F. (1998). Chondrogenic differentiation of cultured human mesenchymal stem cells from marrow. *Tissue Engineering* 4: 415-28.

Maggiolini M., Picard D. (2010). The unfolding stories of GPR30, a new membrane-bound estrogen receptor. *Journal of Endocrinology* 204: 105-114.

Moreno-Cuevas J. E., Sirbasku D. A. (2000) Estrogen mitogenic action. III. Is phenol red a "red herring"? *In Vitro Cellular and Developmental Biology - Animal* 36: 447-464.

Mueller M. B., Fischer M., Zellner J., Berner A., Dienstknecht T., Kujat R., Nerlich M., Tuan R. S., Angele P. (2010). Hypertrophy in MSC Chondrogenesis: Effect of TGF-β Isoforms and Chondrogenic Conditioning. *Cells Tissues Organs* (epub ahead of print)

Mueller M. B., Tuan R. S. (2008). Functional Characterization of Hypertrophy in Chondrogenesis of Human Mesenchymal Stem Cells. *Arthritis and Rheumatism* 58: 1377–88.

Myllyharju J., Kivirikko K. I. (2004). Collagens, modifying enzymes and their mutations in humans, flies and worms. *Trends in Genetics* 20: 33-43.

Nilsson O., Chrysis D., Pajulo O., Boman A., Holst M., Rubinstein J., Martin Ritzen E., and Savendahl L. (2003). Localization of estrogen receptors-alpha and -beta and androgen receptor in the human growth plate at different pubertal stages. *Journal of Endocrinology* 177: 319-326.

Nilsson O., Marino R., De Luca F., Phillip M., Baron J. (2005). Endocrine Regulation of the Growth Plate. *Hormone Research in Pediatrics* 64: 157-165.

Oberlender S. A., Tuan R. S. (1994). Expression and functional involvement of N-cadherin in embryonic limb chondrogenesis. *Development* 120: 177-187.

O'Brien J., Wilson I., Orton T. and Pognan F. (2000). Investigation of the Alamar Blue (resazurin) fluorescent dye for the assessment of mammalian cell cytotoxicity. *European Journal of Biochemistry* 267: 5421-5426.

Otto C. and Fritzemeier K. H. (2008). G Protein-Coupled Receptor 30 Localizes to the Endoplasmic Reticulum and Is Not Activated by Estradiol. *Endocrinology* 149: 4846-4856.

Outerbridge H. K., Outerbridge R. E., Smith D. E. (2000). Osteochondral Defects in the Knee: A Treatment Using Lateral Patella Autografts. *Clinical Orthopaedics & Related Research* 377: 145-151.

Owen M. (1985). Lineage of osteogenic cells and their relationship to the stromal system. *Bone and Mineral Research*, W. A. Peck, ed. (New York, Elsevier), 1-25.

Parsch D., Fellenberg J., Brümmendorf T. H., Eschlbeck A. M. and Richter W. (2004). Telomere length and telomerase activity during expansion and differentiation of human mesenchymal stem cells and chondrocytes. Journal of Molecular Medicine Volume 82: 49-55.

Perry R. J., Farquharson C., Ahmed S. F. (2008). The role of sex steroids in controlling pubertal growth. *Clinical Endocrinology* 68: 4–15.

Pittenger M. F., Mackay A. M., Beck S. C., et al. (1999). Multilineage potential of adult human mesenchymal stem cells. *Science* 284: 143-147.

Prockop D. J. (1997). Marrow stromal cells as stem cells for nonhematopoietic tissues. *Science* 276, 71-74.

Prossnitz E. R., Arterburn J. B., Smith H. O., Oprea T. I., Sklar L. A., and Hathaway H. J. (2008). Estrogen Signaling through the Transmembrane G Protein–Coupled Receptor GPR30. *Annual Review of Physiology* 70: 165-190.

Prossnitz ER, Arterburn JB, Sklar LA. GPR30: A G protein-coupled receptor for estrogen. *Molecular and Cellular Endocrinology* 265-266: 138-142.

Prydz K., Dalen K. T. (2000). Synthesis and sorting of proteoglycans. *Journal of Cell Science* 113: 193-205.

Ray R., Novotny N. M., Crisostomo P. R., Lahm T., Abarbanell A., Meldrum D. R. (2008). Sex Steroids and Stem Cell Function. *Molecular Medicine* 14: 493–501.

Revankar C. M., Cimino D. F., Sklar L. A., Arterburn J. B., Prossnitz E. R. (2005). A Transmembrane Intracellular Estrogen Receptor Mediates Rapid Cell Signaling. *Science* 307 (5715): 1625-1630.

Richette P., Corvol M., Bardin T. (2003) Estrogens, cartilage, and osteoarthritis. *Joint Bone Spine* 70:257-62.

Ringe J., Kaps C., Burmester G. R.Sittinger M. (2002). Stem cells for regenerative medicine: advances in the engineering of tissues and organs. *Naturwissenschaften* 89: 338-351.

Roth S., Rathert I. (2007). Kapitel 7, Urinzytologische Arbeitstechniken. *Urinzytologie* 47-67.

Schewe B., Fritz J., Weise K. (2008). Knorpelverletzungen am Kniegelenk. *Orthopädie und Unfallchirurgie* 3(2): 77-94.

Schmidt M., Hartung R., Capellino S., Cutolo M., Pfeifer-Leeg A., Straub R. H. (2009). Estrone/17β-estradiol conversion to, and tumor necrosis factor inhibition by, estrogen metabolites in synovial cells of patients with rheumatoid arthritis and patients with osteoarthritis. *Arthritis & Rheumatism* 60: 2913–2922.

Schmidt M., Weidler C., Naumann H., Anders S., Schölmerich J., Straub R H. (2005). Androgen conversion in osteoarthritis and rheumatoid arthritis synoviocytes – androstenedione and testosterone inhibit estrogen formation and favor production of more potent 5α-reduced androgens. *Arthritis Research & Therapy* 7: R938-R948.

Schubert T., Schlegel J., Schmid R., Opolka A., Grässel S., Humphries M., and Bosserhoff A. K. (2010). Modulation of cartilage differentiation by melanoma inhibiting activity/cartilage-derived retinoic acid-sensitive protein (MIA/CD-RAP) *Experimental and Molecular Medicine*, 42: 166-174.

Sekiya I., Koopman P., Tsuji K., Mertin S., Harley V., Yamada Y., Shinomiya K., Nifuji A., Noda M. (2001). Dexamethasone enhances SOX9 expression in chondrocytes. *Journal of Endocrinology* 169: 573-579.

Sekiya I., Vuoristo J. T., Larson B. L., Prockop D. J. (2002). In vitro cartilage formation by human adult stem cells from bone marrow stroma defines the sequence of cellular and molecular events during chondrogenesis. *Proceedings of the National Academy of Sciences of the United States of America* 99: 4397-4402.

Sledge S. L. (2001). Microfracture techniques in the treatment of osteochondral injuries. *Clinics in Sports Medicine* 20: 365-378.

Solchaga L.A., Dennis J.E., Goldberg V.M. and Caplan A. I. (1999). Hyaluronic acid-based polymers as cell carriers for tissue-engineered repair of bone and cartilage. *Journal of Orthopaedic Research* 17:205-13.

Steadman J. R., Rodkey W.G., Singleton S. B., und Briggs K. K. (1997). Microfracture technique for full-thickness chondral defects: technique and clinical results. *Operative Techniques in Orthopaedics* 7: 294-299.

Stevis P. E., Deecher D. C., Suhadolnik L., Mallis L. M., Frail D. E.. (1999). Differential Effects of Estradiol and Estradiol-BSA Conjugates. *Endocrinology* 140: 5455-5458.

Straub R. H. (2007). The Complex Role of Estrogens in Inflammation. *Endocrinology* 28: 521-574.

Sulc K., Neuwirt J., Trávnícek T., Kobylka P., Radikovská E. (1977). Bone marrow cell separation on Ficoll gradient. *Haematologia* (Budap). 11: 41-6.

Taguchi Y., Koslowski M. and Bodenner D. L. (2004). Binding of estrogen receptor with estrogen conjugated to bovine serum albumin (BSA). *Nuclear Receptor* 2:5 doi:10.1186/1478-1336-2-5.

Tanaka H., Murphy C. L., Murphy C., Kimura M., Kawai S., Polak J. M. (2004). Chondrogenic differentiation of murine embryonic stem cells: Effects of culture conditions and dexamethasone. *Journal of Cellular Biochemistry* 93: 454-462.

Tora L., White C., Brou D., Tasset D., Webster N., Scheer E., Chambon P. (1989). The human estrogen receptor has two independent nonacidic transcriptional activation functions. *Cell.* 59: 477-87.

Tscheudschilsuren G., Bosserhoff A. .K., Schlegel J., Vollmer D., Anton A., Alt V., Schnettler R. , Brandt J., Proetzel G. (2006). Regulation of mesenchymal stem cell and chondrocyte differentiation by MIA. *Experimental Cell Research* 312: 63-72.

Tsurufuji S., Sugio K., Takemasa F. (1979). The role of glucocorticoid receptor and gene expression in the anti-inflammatory action of dexamethasone. *Nature* 280: 408 – 410.

Twyman R. S., Desai K., Aichroth P. M. (1991). Osteochondritis dissecans of the knee. A long-term study. Journal of Bone and Joint Surgery 73-B: 461-464.

van der Mark K. (1999). Structure and Biosynthesis of Collagens. *Dynamics of Bone and Cartilage Metabolism* 3-18, Chapter 1. Academic Press.

Vanderschueren D., Vandenput L., Boonen S., Lindberg M. K., Bouillon R. and Ohlsson C. (2004). Androgens and Bone. *Endocrine Reviews* 25: 389-425.

Verfaillie C. M. (2002). Adult stem cells: assessing the case for pluripotency. *Trends in Cell Biology* 12: 502-508.

Weise M., De-Levi S., Barnes K. M., Gafni R. I., Abad V., Baron J. (2001). Effects of estrogen on growth plate senescence and epiphyseal fusion. *PNAS* 98: 6871-6876.

Windahl S. H., and C. Ohlsson et al. (2009). The role of the G protein-coupled receptor GPR30 in the effects of estrogen in ovariectomized mice. *American Journal of Physiology - Endocrinology And Metabolism* 296: E490-E496.

Yoo J. U., Barthel T. S., Nishimura K., Solchaga L., Caplan A. I., Goldberg V. M. and Johnstone B. (1998). The chondrogenic potential of human bone-marrow-derived mesenchymal progenitor cells. *The Journal of Bone and Joint Surgery* 80:1745-57.

Yoon Y. M., Oh C. D., Kim D. Y., Lee Y. S., Park J. W., Huh T. L., Kang S. S., Chun J. C. (2000). Epidermal growth factor negatively regulates chondrogenesis of mesenchymal cells by modulating the protein kinase C-α, Erk-1, and p38 MAPK signaling pathways. *The Journal of Biological Chemistry* 275: 12353-12359.

Zuk P. A., Zhu M., Mizuno H., et al. (2001). Multilineage cells from human adipose tissue: implications for cell-based therapies. *Tissue Engineering* 7: 211-228.

Anhang

Abkürzungsverzeichnis

2D	zweidimensional
3D	dreidimensional
^{3}H	Tritium
ABTS	Diammonium 2,2'-azino-bis(3-ethylbenzothiazoline-6-sulfonate)
ACT	autologe Chondrozytentransplantation
AMIC	autologe matrixinduzierte Chondrogenese
AR	Androgenrezeptor
BCA	bicinchoninic acid
BMI	Body-Mass-Index
BMP	bone morphogenetic protein
BSA	Bovin Serum-Albumin
CD	cluster of differentiation
cDNA	complementary DNA
CD-RAP	cartilage-derived retinoic acid-sensitive protein
CHO	Chinese hamster ovary cellls
c-MAF	musculoaponeurotic fibrosarcoma proto-oncogene
COMP	cartilage oligomeric protein
COMT	Catechol-O-Methyltransferase
COS-7	Cercopithecus aethiops, origin-defective SV-40
Ct	threshold cycle
CYP	Enzyme der Cytochrom 450 Familie
DAB	diaminobenzidine
DEPC	Diethylpyrocarbonate
Dex	Dexamethason

DHEA	Dehydroepiandrosteron
DMEM	dulbecco's modified eagle's medium
DMMB	dimethylmethylene blue
DNA	desoxyribonucleic acid
dsDNA	Doppelstrang-DNA
E1	Estron
E2	17-β-Estradiol
E3	Estriol
ECL	enhanced chemoluminescence
ECM	extracellular matrix
EDTA	Ethylenediaminetetraacetic acid
EGF	epidermal growth factor
EGFR	epidermal growth factor receptor
ELISA	enzyme-linked immunosorbant assay
ER α/β	Estrogenrezeptoren α/β
ES	embryonale Stammzelle
FACIT	fibril associated collagen with interrupted triple helices
FACS	fluorescence activated cell sorting
FCS	fetal calf serum
FGF	fibroblast growth factor
GAPDH	Glycerinaldehyd-3-phosphat-Dehydrogenase
GH	growth hormone
GPR30	G-protein coupled receptor 30
HB-EGF	heparin-binding epidermal growth factor
HEC50	human endometrial cancer cells
HEK293	human embryonic kidney cells
HLA-DR	human leukocyte antigen type DR
hMSC	humane mesenchymale Stammzelle
HPLC	high performance liquid chromatography
HRP	horseradish peroxidase
HSD	Hydroxysteroid Dehydrogenase
iER	intrazellulärer Estrogenrezeptor

IGF	Insulin-like growth factor
IgG	gamma immunoglobulin
IHH	indian hedgehog
ITS+3	insulin-transferrin-sodium selenite+3-solution
KO	Knockout
MACT	matrixassoziierte autologe Chondrozytentransplantation
MAPK	mitogen-activated protein kinase
MDA-MB231	hormone-independent mammary carcinoma cells
mER	membranständiger Estrogenrezeptor
MIA	melanoma inhibitory activity
MMP	matrix metalloproteinase
MSC	mesenchymal stem cell
NCAM	neural cell adhesion molecule
n.s.	nicht signifikant
OA	Osteoarthrose
OCT	osteochondrale Transplantation
PBS	phosphate buffered saline
PCR	polymerase chain reaction
PFA	para-formaldehyde
PTHrP	parathyroid hormone-related protein
qPCR	quantitative polymerase chain reaction
rER	rauhes endoplasmatisches Retikulum
RFU	relative fluorescence unit
RNA	ribonucleic acid
RS	rapidly self renewing
RT	Raumtemperatur
RUNX	Runt-related transcription factor
sGAGs	sulfatierte Glykosaminoglykane
SH-3	Src-homology 3
SHBG	Sexualhormon-bindendes Globulin
SLRP	small leucine-rich proteoglycan

SOX	Sry-related high mobility group box
CBFA	core binding factor alpha
ST	Sulfotransferase
Stro-1	stromal (mesenchymal) precursor
T	Testosteron
TBS	Tris-buffered saline
TE	Tris-EDTA
TGFβ	transforming growth factor beta
ÜN	über Nacht
VEGF	vascular endothelial growth factor

I want morebooks!

Buy your books fast and straightforward online - at one of world's fastest growing online book stores! Environmentally sound due to Print-on-Demand technologies.

Buy your books online at
www.morebooks.shop

Kaufen Sie Ihre Bücher schnell und unkompliziert online – auf einer der am schnellsten wachsenden Buchhandelsplattformen weltweit! Dank Print-On-Demand umwelt- und ressourcenschonend produziert.

Bücher schneller online kaufen
www.morebooks.shop

KS OmniScriptum Publishing
Brivibas gatve 197
LV-1039 Riga, Latvia
Telefax: +371 686 204 55

info@omniscriptum.com
www.omniscriptum.com

Printed by Books on Demand GmbH, Norderstedt / Germany